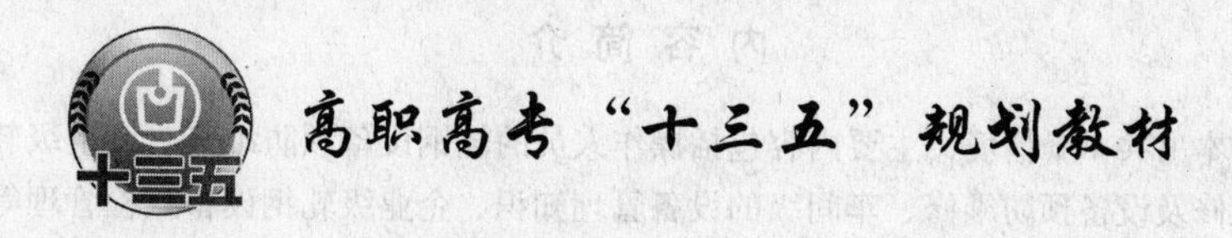

轧钢设备点检技术应用

臧焜岩　编

北京
冶金工业出版社
2016

内 容 简 介

本书共4个情境，主要内容包括操作人员的轧钢设备预防维修、班组级轧机维修及设备预防维修、车间级的设备管理知识、企业级轧钢设备点检管理等内容。

本书可作为高职高专院校冶金类专业教材（配有教学课件），也可供冶金企业轧钢等相关岗位职工培训或相关工程技术人员参考。

图书在版编目(CIP)数据

轧钢设备点检技术应用/臧焜岩编．—北京：冶金工业出版社，2016.8

高职高专“十三五”规划教材

ISBN 978-7-5024-7291-7

Ⅰ.①轧…　Ⅱ.①臧…　Ⅲ.①轧制设备—设备检修—高等职业教育—教材　Ⅳ.①TG333

中国版本图书馆CIP数据核字(2016)第164040号

出 版 人　谭学余
地　　址　北京市东城区嵩祝院北巷39号　邮编　100009　电话　(010)64027926
网　　址　www.cnmip.com.cn　电子信箱　yjcbs@cnmip.com.cn
责任编辑　俞跃春　贾怡雯　美术编辑　杨　帆　版式设计　葛新霞
责任校对　禹　蕊　责任印制　李玉山
ISBN 978-7-5024-7291-7
冶金工业出版社出版发行；各地新华书店经销；三河市双峰印刷装订有限公司印刷
2016年8月第1版，2016年8月第1次印刷
787mm×1092mm　1/16；10.25印张；242千字；152页
32.00元

冶金工业出版社　投稿电话　(010)64027932　投稿信箱　tougao@cnmip.com.cn
冶金工业出版社营销中心　电话　(010)64044283　传真　(010)64027893
冶金书店　地址　北京市东四西大街46号(100010)　电话　(010)65289081(兼传真)
冶金工业出版社天猫旗舰店　yjgycbs.tmall.com
（本书如有印装质量问题，本社营销中心负责退换）

序

2016年是“十三五”开局年，我院继续深化教学改革，强化内涵建设。以冶金特色专业建设带动专业建设，完成了冶金技术专业作为中央财政支持专业建设的项目申报，形成了冶金特色专业群。在教学改革的同时，教务处试行项目管理，不断完善工作流程，提高工作效率；规范教材管理，细化教材选取程序；多门专业课程，特别是专业核心课程的教材，要求其内容更加贴近企业生产实际，符合职业岗位能力培养的要求，体现职业教育的职业性和实践性。

我院还与天津市教委高职高专处联合召开“天津市高职高专院校经管类专业教学研讨会”，聘请国家高职高专经济类教学指导委员会专家作专题讲座；研讨天津市高职高专院校经管类专业教学工作现状及其深化改革的措施，对天津市高职高专院校经管类专业标准与课程标准设计进行思考与探索；对“十三五”期间天津高职高专院校经管类专业教材建设进行研讨。

依据研讨结果和专家的整改意见，为了推动职业教育冶金技术专业教育改革与建设，促进课程教学水平的提高，我们组织编写了冶炼、轧制等专业方向职业教育系列教材。编写前，我院与冶金工业出版社联合举办了“天津冶金职业技术学院‘十三五’冶金类教材选题规划及教材编写会”，并成立了“天津冶金职业技术学院冶金技术专业群及环境工程技术专业‘十三五’规划教材编委会”，会上研讨落实了高职高专规划教材及实训教材的选题规划情况，以及编写要点与侧重点，突出国际化应用，最后确定了第一批规划教材，即汉英双语教材《连续铸钢生产》、《棒线材生产》、《热轧无缝钢管生产》、《炼铁生产操作与控制》四种，以及《金属塑性变形与轧制技术》、《轧钢设备点检技术应用》、《大气污染控制技术》、《水污染控制技术》和《固体废物处理处置》等教材。这些教材涵盖了钢铁生产、环境保护主要岗位的操作知识及技能，所具有的突出特点是理实结合、注重实践。编写人员是有着丰富教学与实践经验的教师，有部分参编人员来自企业生产一线，他们提供了可靠的数据和与生产实际接轨的新工艺新技术，保证了本系列教材的编写质量。

本系列教材是在培养提高学生就业和创业能力方面的进一步探索和发展，符合职业教育教材“以就业和培养学生职业能力为导向”的编写思想，对贯彻和落实“十三五”时期职业教育发展的目标和任务，以及对学生在未来职业道路中的发展具有重要意义。

天津冶金职业技术学院 教学副院长 孔维军

2016年4月

前言

随着我国重工业的高速发展，企业的产品质量、设备安全、生产环境和员工健康越来越依赖于设备安全稳定高效的运行，而设备安全稳定高效的运行依赖于完善的设备维护和管理体系，设备管理恰恰是冶金行业的薄弱环节之一。由于冶金设备自身的特点，以及冶金行业的工作特点又决定了设备损坏率是较高的，为此编者结合轧钢设备和相关维护技术的特点编写了本书。

本书基于职业教育理念和工作过程教学理念编写，具有鲜明的职业特色。内容上兼顾社会需求和学生自身特点，在教学模式设计中，充分考虑职业教育规律与学生持续发展能力，注重职业能力的培养。以企业设备管理真实工作任务和实际问题为背景，再现冶金行业生产设备实景，能够满足冶金企业设备岗位对维护和管理人才的要求，具有现实意义。

本书配套教学课件读者可从冶金工业出版社官网（http：//www.cnmip.com.cn）教学服务栏目中下载。

由于作者水平有限，书中不妥之处，敬请读者批评指正。

编者

2016年5月

目　录

情境1　操作人员轧钢设备预防维修

任务1.1　认知冶金企业的轧钢机械设备

【导言】

现代冶金企业中，各种机械设备反映了企业现代化程度和企业生产实际水平，在企业生产过程起到主导的作用，占据重要的地位，其对产品质量、产量、生产成本，能源消耗和人机工作环境起着积极重要作用。所以冶金行业中轧钢机机械设备的优劣性对企业的竞争力和发展后劲具有举足轻重的意义。

【学习目标】

（1）明确轧钢机械设备在企业中的作用。

（2）熟悉轧钢机械设备组成。

（3）熟悉轧钢机械设备分类、名称、用途。

（4）熟悉轧钢机械设备发展趋势。

【工作任务】

（1）参观冶金轧钢生产企业了解企业设备名称符号。

（2）了解企业生产车间轧机设备。

【知识储备】

1.1.1　轧钢机械设备在生产企业中作用

设备是所有企业的主要生产工具，它的好坏是企业现代水准的具体体现。我国的设备经历跨越式的发展，设备作为国家名片已深深渗透到世界各个角落，体现了我国设备发展的先进性和高性价比能力。

设备是企业固定资产的重要组成部分，我国对设备的定义是，指可供人们在生产中长期使用，并在反复使用中基本保持原有实物形态和功能的生产资料和物质资料的总称。

（1）轧钢机械设备主要是指从原料到产品成型整个轧钢工艺过程中使用所有机械设备。其中轧钢机是轧钢设备中的主体，其分为广义和狭义两类。

1）广义轧钢机指用于完成金属材料塑性变形本身和完成伴随轧材生产所必需的辅助工序的机器体系，即整个轧钢生产过程所需的全部设备。

2）狭义轧钢机指在旋转轧辊中进行金属材料压力加工的机器，即是轧制工序的机器。

（2）根据用途的不同，轧钢机械可分为主要设备和辅助设备两大类。

1）主要设备是使金属在旋转的轧辊中产生塑性变形（即轧制）的机械，一般称为主机列。主机列的类型和特征标志着整个轧钢车间的类型和特征。轧机主机列包括工作机座（图 1-1）、传动装置（图 1-2）和主电机、减速器等。

图 1-1　轧钢机机座

图 1-2　轧钢机传动装置

2）辅助设备是指主机以外，用来完成其他一系列辅助工序的机械。辅助设备数量大、种类多，对整个轧钢车间的生产率、产品的品种、质量、机械化自动化程度和改善工人的劳动条件都具有重要意义。

根据用途辅助设备可分为：运输、翻转轧件的设备；剪切、锯切辅助设备；矫直设备；卷取、垛板、打捆设备；各种传动机构的冷床。其中运输、翻转轧件的设备包括加热炉的推钢机、出料机、调头机和各类辊道；剪切、锯切辅助设备包括热锯机、冷锯机、飞锯机及各种形式的矫直机等类型辅助设备。轧钢车间机械化程度越高，辅助设备的质量占车间机械设备总质量的比例也越大，如 1700 热轧带钢车间设备总质量 51000t，其中辅助设备的质量在 40000t 以上。

（3）轧钢机械设备是企业的主要生产工具，在生产经常活动中居于极其重要的地位。

1）轧钢设备是冶金轧钢企业的物质技术基础，是进行生产活动的物质基础，是衡量企业技术水平的主要标志。

2）轧钢机设备是企业固定资产的主体，其设备在企业固定资产总额中占有 60%~70% 的比例，对企业的兴衰关系重大。

3）其设备涉及企业生产经营活动的全局。轧机设备是依据所产出的产品来设计的，就必须考虑到产品的市场需求，发展周期、运营模式、车间规模等技术因素。

（4）轧钢机械设备是轧钢企业固定资产的主体，是企业资本的大头，对企业兴衰关系重大，又是衡量社会行业发展水平的重要尺度。上海宝钢钢铁厂一期建设工程，在 160 亿元投入中设备占有 70% 的比例，所以设备是冶金企业能否正常生产的基础与关键。

（5）轧钢机械设备技术状态如何直接影响企业产品各项技术指标是否顺利完成。

1.1.2　轧钢机设备技术指标

（1）轧钢机设备技术指标主要与轧辊或轧件尺寸相关联。

1）钢坯型轧机主要性能参照是轧辊的名义直径，主要与轧制最大断面尺寸有关，因此它是以轧辊名义直径标称的。

2）钢板轧机主要性能参照轧辊辊身长度，与其能够轧制的钢板最大宽度有关，所以钢板轧机是以辊身长度标称的。

3）钢管车间轧机是直接以其能够轧制的钢管最大外径来标称的。

（2）设备的分类与编号。

1）设备分类见表 1-1。

表 1-1　我国设备分类一览表

分项	类别＼编号	0	1	2	3	4	5	6	7	8	9
机械设备	金属切削机床	数控切削机床	车床	钻镗床	研磨机床	组合机床	齿轮及螺纹加工机床	铣床	刨、插、拉床	切断机床	其他金属切削机床
	锻压设备	数控锻压设备	锻锤	压力机	铸造机	碾压机	冷作机	剪切机	整形机	弹簧加工机	其他冷作设备
	起重运输设备		起重机	卷扬机	传送机械	运输车辆			船舶		其他起重运输设备
	专业生产设备		螺钉专用设备	汽车专用设备	轴承专用设备	电线专用设备	电瓷专用设备	电池专用设备			其他专用设备
	其他机械设备		油漆机械	油处理机械	管用机械	破碎机械	土建机械	材料试验机	精密度量设备		其他专用机械
动力设备	动能发生设备	电站设备	氧气站设备	煤气及保护气体设备	乙炔发生设备	空气压缩设备	二氧化碳设备	工业泵	锅炉房设备	操作机械	其他动能发生设备
	电器设备		变压器	高低压配电设备	变频、变流设备	电气检测设备	焊切设备	电气线路	弱电设备	内燃机设备	其他电气设备
	工业炉窑		熔铸炉	加热炉	热处理炉	干燥炉	溶剂竖炉				其他工业窑炉
	其他动力设备		通风采暖设备	恒温设备	管道	电镀设备	除尘设备		涂漆设备	容器	其他动力设备

2）设备编号原则：

①设备编号必须唯一。

②设备编号的长度应尽可能短。

③设备编号应考虑一定的可扩展余度。

④制定编号规则时应考虑组织实施编码的难易程度。

⑤设备编号应考虑与其他系统的接口问题。

3）设备编号组成。一般分为三节：第一节是生产线代码；第二节是设备名称代码以及汉语拼音字母表示；第三节是设备顺序号。如图 1-3 所示。

1.1.3　轧钢机的分类

（1）按用途划分为开坯型钢、板带、钢管、特殊轧机等类型，见表 1-2。

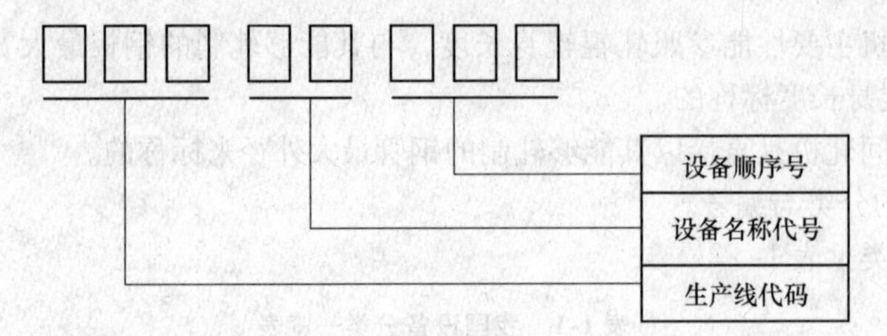

图 1-3　设备型号数字解释

表 1-2　轧钢机类型及主要用途

轧机类型		轧辊尺寸/mm		最大轧制速度 /m·s^{-1}	用　途
		直径	辊身长度		
板带轧机	宽带轧机		700~2500	8~30	1.2×16mm×600×2300mm 带钢
	厚板轧机		2000~5000	2~4	(4~50)mm×(500~5300)mm 钢板
	薄板轧机		700~1200	1~2	(0.3~4)mm×(600~1000)mm 厚板
冷轧板带轧机	单张生产	—	700~2800	0.3~0.5	—
	成卷生产宽带	—	700~2500	6~40	(1.0~5)mm×(600~2300)mm 带钢
	成卷生产窄带	—	150~700	2~10	(0.02~4)mm×(20~600)mm 带钢
	箔带轧机	—	200~700	—	(0.0015~0.012)mm 箔带
热轧无缝钢管轧机	400 自动钢管轧机	960~1100	1550	3.6~5.3	ϕ(127~400)mm 钢管扩扎后钢管最大直径 ϕ650mm
	140 自动轧管机	650~750	1680	2.8~5.2	ϕ(70~140)mm 无缝钢管
	168 连续轧管机	520~620	300	5	ϕ(165~480)mm 无缝钢管
型钢轧机	轧梁轧机	750~900	1200~2300	5~7	38~75kg/m^3 方钢、圆钢，高达 240~600mm 甚至更大的其他重型断面钢材
	大型轧机	500~750	800~1900	2.5~7	40~80mm 方钢、圆钢，高达 120~300mm 工字钢、槽钢，18~24kg/m 钢轨
	中型轧机	350~700	600~1200	2.5~15	8~40mm 方钢、圆钢，20mm×20mm、50mm×50mm 角钢
	小型轧机	250~350	500~800	4.5~20	8~40mm 方钢、圆钢，工字钢、槽钢，50mm×50mm~100mm×100mm 角钢
	线材轧机	250~300	500~800	10~102	轧制 ϕ(5~9)mm 线材
冷机钢管轧机	—	—	—	—	ϕ(15~150)mm
特殊用途轧机	车轮轧机	—	—	—	铁路用车轮
	圆环轮箱轧机	—	—	—	轧制轴承环及车轮轮轴
	钢球轧机	—	—	—	各种用途钢材
	齿轮轧机	—	—	—	滚压齿轮
	热杠轧机	—	—	—	滚压热杠

（2）按照构造来划分，主要分为具有水平轧辊的轧机、具有立式轧辊的轧机、具有水平辊和立式辊的轧机、具有倾斜轧辊布置的轧机。

（3）按轧钢机布置形式分。其布置形式是依据生产产品及轧制工艺要求确定的。机座排列的顺序和数量的多少构成不同形式布局，根据轧钢机部署形式分为单机架式，多机架顺列式、横列式、连续式、半联系式、串列往复式、布棋式。

1.1.4　轧钢机机械设备发展趋势

现代冶金轧钢设备也正朝着大型化、高速化、精密化方向发展。

（1）大型化。其设备容量规模能力越来越大。我国宝钢高炉容量为4063m^3，日本新日铁最大高炉容积5150m^3，德国戴森钢厂最大转炉容积为400m^3，这些大型设备需要各种机械方式连接、传动方式的确定，设备运转的优良稳定性和精确性可为企业带来可观经济效益。

（2）高速化。设备的空转速度、工作速度大大加快，从而使生产效率显著提高。我国轧制高线材最高速度可达78m/s，这就对高速运转的各类机械设备的质量提出了极高的技术要求。

（3）精密化。轧机机械设备工作精度越来越高。现今薄带轧机材料厚度为0.015mm，这就为轧机控制环节、加工环节的设备动力、运动精度提出了更高的闭环要求。

（4）自动化。冶金行业中连铸连轧，型材自动线已全面应用到冶金加工行业，宝钢一期工程使用16台计算机和449台微机联网实现了多层次的生产自动控制，使冶金轧钢的控制形式得以升格，改变了以往冶金行业“黑”“脏”“累”的行业面貌，产生巨大吸引力。

（5）现今轧钢机械设备需要占生产总额费用的8%~10%，才能维持其正常运转，据统计全国大中型冶金企业每年维护总额不少于几十亿元，设备的正常运转就十分重要，一旦产生故障造成生产中断，就会带来巨额经济损失。如鞍钢连续热轧钢厂停产一天损失利润近100万元，武钢的热连轧厂板材停业一天损失产量1万吨价值2000万元。所以现代轧机设备越来越涉及多门类科学知识，不只靠某一学科知识来适应解决设备的重大技术问题，需要社会有关行业与企业协作配合才能完成设备工程发展和壮大。

1.1.5　案例分析

填写企业设备台账，企业设备台账是反映企业各种类型设备拥有量、设备分布及变动主要依据，是设备资产管理一部分。

1.1.5.1　工作准备

（1）了解设备台账的基本内容及参数。
（2）学习轧钢设备的相关知识。
（3）熟悉轧钢设备的结构、使用用途、性能和具体类别。
（4）能对照标牌识读设备的重要参数和设备的名称。

1.1.5.2　材料的准备

主要是轧钢机设备的说明书和笔。

1.1.5.3　项目实施

（1）到冶金轧钢企业生产车间实际考察设备具体情况（设备的种类、运转具体情况、分布具体位置）。

（2）记录设备的铭牌，记录相关的基本信息和参数。

（3）统计设备的实际种类和工作内容。

（4）根据已收集资料整理填写信息资料表等技术工作。

【参考资料】

冶金设备型号编制标准。

【想做一体】

（1）设备在企业中的重要性如何体现？

（2）轧钢机设备具体类型有哪些？应用场合是什么？

（3）常见轧钢机设备标称的体现是什么？

任务1.2　轧钢设备日常保养作业

【导言】

轧钢设备日常保养是企业设备维护保养基础工作，是设备操作者每天工作的内容之一，应形成制度化和规范化职业行为，设备操作者必须严格按设备保养标准进行设备的日常保养作业。特别是现今冶金设备高效高精度不断提升，更要确保设备正常运行，日常保养工作的必要性也就更加突出，对企业员工的主观性提出更高的要求。

【学习目标】

（1）明确轧机机械设备安全操作规程作用。

（2）掌握轧机机械设备日常保养内容、方法和手段。

（3）掌握轧机机械设备润滑日常方法。

（4）会熟练使用轧机机械设备日常保养的常用工具。

（5）能够熟练进行轧钢机械设备日常保养作业。

（6）能正确填写设备交接班记录本。

【工作任务】

（1）进行轧机机械设备日常保养作业。

（2）进行轧机机械设备调整维护工作。

【知识准备】

1.2.1　轧机机械设备安全操作规格

设备操作者的健康和幸福，是建立在严格遵守设备维护和安全操作规程基础上。操作者应具备较好的责任心，对设备实行精心维护保养，使设备处于良好的运行状态，创造良好的工作环境。树立生产设备自我保养意识，发挥员工的主观能动性，为企业创造出最佳经济效益。

轧机设备安全操作规程是根据设备使用维护说明书和生产工艺要求制定，用来指导正确操作使用、维护保养设备方法的规范性文件，若违反操作规程，会发生设备故障造成设备损伤甚至人生伤亡事故。因此，企业员工为家人和自己的幸福，必须严格遵守设备安全操作规程。

设备安全操作规程必须包括内容如下：

（1）严格遵守设备技术性能和允许的极限参数。例 F_{max}、P、T、V、I 等，严禁超性能、超载使用设备，不能存在侥幸心理，造成设备的损伤。

（2）设备交接使用的规定。两班或三班连续运转设备，岗位人员交接班时必须对设备运行状况记录交接，内容包括设备运转异常情况、原有缺陷变化、运行参数变化、故障和处理情况等。

（3）操作设备步骤说明，包括操作前检查和操作顺序规定性的技术要求。

（4）设备使用中安全注意事项，非本岗操作人员未经批准不得操作本机，不得随意拆掉或放宽安全保护装置。

（5）设备维护保养按企业制度如下“标准作业书”要求进行。

安全操作规程

文件编号×-×

一、目的

维护设备安全使用，保证机械设备运转正常和各项性能参数的稳定。

二、使用范围

本规程适用于所有型号的轧机机械设备，按照操作说明进行。

三、安全操作规程

1. 操作者应熟悉轧机机械的结构性能，安全操作方法，经过培训取得相应等级证书。
2. 操作者应按照规定穿戴好劳动用品。
3. 操作者应做好交接工作，认真填写及检查交接班记录。
4. 开机前检查机械、电气、液压、气路系统、水路系统和安全装置是否完好。
5. 检查轧辊中心距是否符合工艺要求并检查轧辊是否完好坚固牢靠。
6. 检查剪刀片间隙。该间隙不能过大，若不符合要求用垫补偿。
7. 开机后，应先试机空转 2～3min 确认相关设备传动是否灵活，操纵有效。
8. 设备运转过程中都不得将身体任何部位放入相关危险区域。
9. 检查各机架（导正）冷却水管，横梁，支座，导套，导辊磨损情况。
10. 检查对中轧制中心线，处理全线废钢桶内废钢。
11. 能熟练掌握调节活套的各项技术要求。

12. 检查设备控制系统是否运转正常和参数是否正常。

四、维护保养

1. 能使用 Messages 事件表查阅上一班次故障情况。
2. 对活套器和活套的上卡段进行检查，负责调整起套辊张力辊高度。
3. 其他内容严格按《设备保养标准作业》要求进行。
4. 编制：×× 审核：×× 批准：×× 日期：××××

1.2.2 轧机设备保养的作用和意义

设备保养工作包括日常维护、定期保养和作业保养。设备的维护保养工作是以设备操作员为主，设备点检为辅开展的全员设备维护工作，维护保养好坏直接影响到设备的运作、产品质量及企业的生产效率。

保养工作能够减少设备故障发生率，延长设备使用寿命。提高设备完好率可延长设备使用周期，降低设备事故率，降低设备维修费用。

1.2.3 设备保养内容和方法

1.2.3.1 保养内容

A 日常保养

班前班后有操作工认真检查设备各部位，擦拭和浇注润滑油，使设备经常保持整齐清洁安全。班中设备发生故障，应及时给予排号，认真做好交换班记录。日常保养可归纳为八字：整齐、清洁、润滑、安全。其具体方法为：

（1）整齐。工具、共建附件、安全防护用品齐全，线路管道要调理安全完整。

（2）清洁。设备内外清洁干净，各滑动面、手柄手轮、齿轮等油垢清理、无损伤，各部位不漏油。

（3）润滑。定时定量加油换油，油质符合要求，不断油无干磨现象。油压正常油路畅通。

（4）安全。实行定人、定机、凭证操作和交接班制度；熟悉设备结构，遵守操作安全规程，精心保养设备安全，防护装置齐全，可靠及时，清除不安全因素。

B 定期保养

以维护操作人员为辅，按照计划对设备局部检查、拆卸、清洗、疏通油路、管道调节各部位配合间隙，紧固设备各个部位。

C 专业保养

以维护操作人员为辅，列设备检修单对设备部位阶段检查和修理更换磨损件。

局部恢复精度满足加工零件最低要求。

1.2.3.2 实行设备保养操作工作人员对设备做到“三好”与“三会”

A “三好”内容

（1）管好。自觉遵守人定机制度，凭证使用设备，不乱用别人设备，安全保护装置齐全好用，线路管道完整。

（2）用好。设备不带病运转，不超负荷使用，不大机小用，精机粗用，遵守操作规程和维护规程，细心维护设备，防止事故发生。

（3）修好。按计划检修时间，停机修理，积极配合维修工，参加设备专业保养工作和修理后验收试车工作。尤其是各个阶段的大修、中修工期的倒班安排。

B “三会”内容

（1）会使用。熟悉设备结构、掌握设备的技术性能和操作方法，能正确使用设备，懂得轧钢机设备的工艺安排路线。

（2）会保养。懂得设备精度标准，并能适当调整，检查安全防护和保险装置。能正确按照润滑线路图和相应的规定加油、更换油，能定期检查油路的通畅性。

（3）会排出故障。能通过不正常声音、温度和运转情况，发现设备异常状况并判断异常状况部位和原因。及时采取措施，防止出现故障。

1.2.3.3　掌握设备日常保养常用工具

（1）敲击类。不同质量榔头，常用榔头有 0.25kg、0.5kg 和 1kg。

（2）紧固类。不同种类尺寸的扳手，螺丝刀。

（3）检测类。温度测量仪、振动仪、各类手持式仪器设备、振动仪、光学检测仪器、色谱分析仪器等。

（4）润滑类。各类油枪、油壶。

1.2.3.4　常用冶金机械“设备保养作业书”

“设备保养作业书”是指导操作者进行设备保养工作的指导文件，每个企业设备不同编制“设备保养作业书”方法格式也不同，但是工作要求是相类似的，见表 1-3。设备日常保养作业流程及与其对应的设备保养合格作业表见图 1-4 及表 1-4。

表 1-3　设备保养作业书

设备名称		设备技术内容		状态标记 运行○ 停运△	保养周期标记 小时（h）每天（d） 每月（M）每班（S）		人　员 操作 1 维修 2 专业人员 3
序号	维护目录	维护内容	标准	状态	周期	方法	
1	工作油	油量	正常规定液位计 ±100mm	○、△	h、S	看	1、2
		油温	油温控制在 (40 ±20)℃	○、△	h、S	看、测	1、2
		清洁度	通油润滑级高速线材轧机 7-8 钢	○	h	专业检测	3
		水分、黏度	不超过 1%	○	h	专业检测	3
2	安全装置	防护罩牢固可靠，接地良好无漏现象，限位开关可靠	无松动现象和短缺现象	○	h	看	3

续表1-3

设备名称		设备技术内容		状态标记 运行○ 停运△	保养周期标记 小时（h）每天（d） 每月（M）每班（S）		人 员 操作1 维修2 专业人员3
序号	维护目录	维护内容	标准	状态	周期	方法	
3	轧钢区	运转状态	运转灵活无异常	○	h	看、听	1、2
		辊面和导束	无磨损导束无卡阻	○	h	看	1、2
		联轴口	转动平稳	○	h	看	1、2
		水	供水正常	○	h	看	1、2
		连接螺栓	无松动	○	h	看	1、2
4	传动机构	齿条	无磨损润滑正常	○	h	看	1、2
		减速机	运转平稳无异常	○	h	看	1、2
		制动器	制动可靠、闸瓦无磨损	○	h	看	1、2
		限位	停止、准确定位可靠	○	h	看	1、2
		轴承	转动灵活无松动	○	h	看	1、2

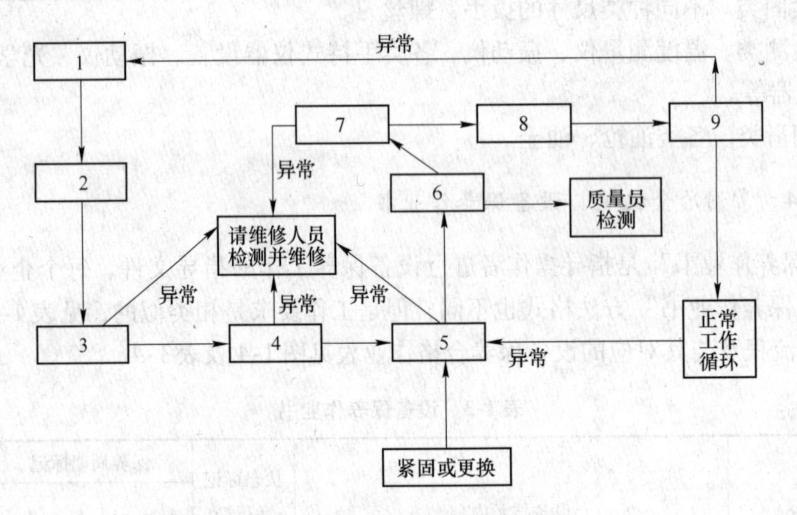

图1-4 设备日常保养作业流程图

表1-4 设备保养合格作业表

步骤	内容	依据	作业方法	注意事项	出现异常时对策
1	班前	交接班记录	查看填写	—	—
2		设备日常保养	参照“日常标准书”	—	—
3	班后	急停开关状态	手动	状态是否正常	维修人员马上维护处理
4	开机	空转20min	手动	—	关机维修
5	传动机械的运转	有无异常	听	—	维修人员检查修理
6	设备运转前	后料单	测量	检查频率	不能加工检查更换
7	设备运转中	各项工作参数是否正常	测量观看	数据变化	停机检修
8		操作状态	观察信息参数	注意报警信息	停机检修
9	工作完毕	手动下线	轧机停转工作	禁人工作区	—

1.2.3.5　设备交接制度

（1）交接班通则：交接班时间以轧机主控台员工系统时间表分界。见表 1-5。

表 1-5　交接时间表

夜班→早班	8:00
早班→中班	16:00
中班→夜班	22:00

（2）班组代号见表 1-6。

表 1-6　班组代号

班次	甲	乙	丙	丁
代号	A	B	C	D

1.2.4　轧钢机设备的润滑

设备润滑是轧钢机必须做好的工作，其润滑条件是依据所工作的条件来确定的。润滑的目的是为防止和延缓零部件和其他结构形式失效的重要手段，是保持设备运行和发挥设备效能，减少设备故障和事故，提高企业效益的技术手段之一，具有非常重要的意义。

润滑工作需要按照企业规定的技术要求，能正确选用各类润滑材料，并能合理确定润滑的部位、数量、润滑周期，以降低摩擦减少磨损，从而保证设备正常运行、延长设备寿命，降低能耗、防治污染。因此搞好设备润滑工作是设备点检员进行设备保养工作的重要环节。

设备润滑的“五定”管理和三过滤是把日常润滑技术管理工作规范化、制度化，是行之有效的工作方法。

1.2.4.1　设备润滑的“五定”管理内容

（1）定点。能根据润滑图表上指定的部位、润滑点、检查点进行加油、换油、检查液面高度和供油情况。

（2）定量。按照规定的数量对润滑部位进行日常润滑，实施耗油定额管理，在规定的时间内对部位进行加、换油和清洗管路。

（3）定质。确定润滑部位所需油料的品种、牌号及质量要求，所加油质必须符合检定的标准，符合轧机所要求的压力值；润滑装置、器具清洁和完整。

（4）定期。能按照润滑卡片上所规定的间隔时间进行加油，并按照规定的时间进行抽样化验，能定期确定更换油液，确定下次抽样化验时间，这是润滑工作的重要环节。

（5）定人。能按照图表上的规定由不同的员工负责加油、换油、洗油，并规定负责检验的人员。

1.2.4.2　润滑“三过滤”内容

“三过滤”是为减少油中的杂质含量，防止尘屑杂物随油进入设备采取的措施，包括入库过滤、发放过滤和加油过滤。如图 1-5 所示。

（1）入库过滤。油液经运输入库、泵入油罐储存要经过过滤。

（2）发放过滤。油液发放注入润滑容器时经过过滤。

（3）加油过滤。油液加入设备储油部位时要经过过滤。

企业设备的润滑“三过滤”应该达到三次以上的不同数目滤网。

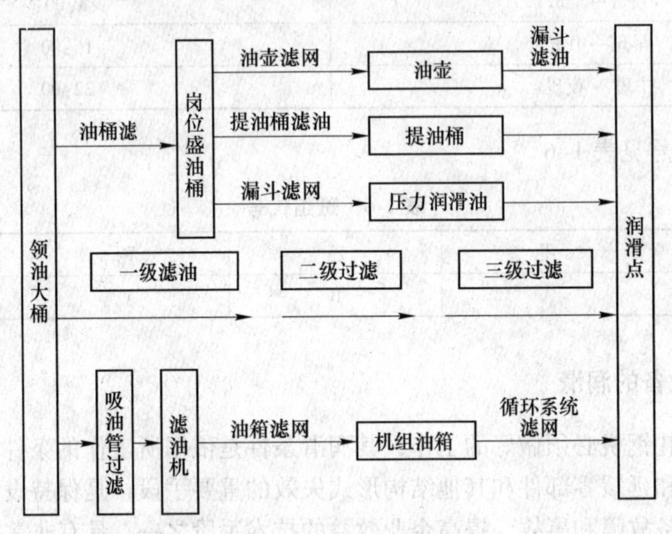

图 1-5 设备润滑“三过滤”

1.2.4.3 轧钢机设备常用的润滑材料

A 轧钢机对润滑的要求

连轧机中炉子的输入辊道、推钢机、出料机、立辊、机座、轧机辊道、轧机工作辊、轧机压下装置、万向节轴和支架、切头机、活套、导板、输出辊道、翻卷机、卷取机、清洗机、翻锭机、剪切机、圆盘剪、碎边机、剁板机等都采用油润滑。

宝钢 2030 五机架冷连轧机、开卷机、送料辊、滚动剪、导辊、转向辊和卷取机、齿轮箱、平整机等设备润滑，各机架的油膜轴承系统，高速高精度轧机的轴承采用油雾润滑和油气润滑。

对轧钢机润滑冷却介质的基本要求有：适当的油性；良好的冷却能力；良好的抗氧化安定性、防锈性和理化指标稳定性；过滤性能好；对轧辊和制品表面有良好的冲洗清洁作用；对冷轧带钢的退火性能好；不损害人体健康；易于获得油源，成本低。

B 轧钢机经常选用的润滑油、脂

中小功率齿轮减速器：L- AN68、L- AN100。

小型轧钢机：L- AN100、L- AN150。

高负荷及苛刻条件下的齿轮、蜗轮、链轮：中、重负荷工业齿轮油。

轧机主传动齿轮和压下装置、剪切机、推床：轧钢机油。

轧钢机油膜轴承：油膜轴承油。

滚动轴承：1 号、2 号锂基脂或复合锂基脂（1 号用于冬季、2 号用于夏季）。

重型机械、轧钢机：3 号、4 号、5 号锂基脂或复合锂基脂。

轧机辊道：压延机脂。

C　轧钢机典型部位润滑形式的选择

轧钢机工作辊辊缝间与冷却系统采用稀油循环润滑（含分段冷却润滑系统）；轧钢机工作辊和支撑辊轴承一般用干油润滑，高速时用油膜轴承和油雾、油气润滑。

轧钢机齿轮机座、电动机轴承、电动压装置中的减速器，采用稀油循环润滑。

轧钢机辊道、联轴器，万向接轴及其平衡机构、轧机窗口平面导向摩擦副采用干油润滑。

D　轧钢机常用润滑系统

简单结构的滑动轴承、滚动轴承等零部件可以采用油杯、油环等单体分散润滑方式。对于复杂的整机或较为重要的摩擦副，则采用了稀油或干油集中润滑系统。从驱动方式看，集中润滑系统可分为手动、半自动及自动操纵三类系统，从管线布置等方面看可分为节流式、单线式、双线式、多线式、递进式等。

E　轧钢机常用润滑设备的安装维修

（1）设备的安装：认真审查润滑装置、机械设备的布管图纸、审查地基图纸，确认连接、安装关系无误后，进行安装。安装前对装置、元件进行检查；产品必须有合格证，必要的装置和元件要检查清洗，然后进行预安装。预安装后，清洗管道；检查元件和接头，如有损失、损伤，则用合格、清洁件增补。

（2）清洗方法：先用四氯化碳脱脂，或用氢氧化钠脱脂后，用温水清洗。然后用盐酸10%~15%（质量分数）、乌洛托品1%（质量分数），浸渍或清洗20~30min（溶液温度为40~50℃），用温水清洗。再用质量分数为1%的氨水溶液浸渍和清洗10~15min，溶液温度30~40℃中和之后，用蒸汽或温水清洗。最后用清洁的干燥空气吹干，涂上防锈油，待正式安装使用。

（3）设备的清洗、试压、调试：设备正式安装后，再清洗循环一次为好，以保障可靠。干油和稀油系统循环时间为8~12h，稀油压力为3~5MPa。对清洗后的系统，应以额定压力保压10~15min试验。逐渐升压，及时观察处理问题。

（4）设备维修：现场使用者，一定要了解设备、装置、元件图样、说明书等资料，从技术上掌握使用、维护修理的相关资料，以便使用维护和修理。

F　稀油站、干油站常见事故与处理

（1）稀油泵轴承发热：轴承间隙太小、润滑油不足，应检查间隙，重新研合，间隙调整到0.06~0.08mm。

（2）油站压力骤然增高：管路堵塞不通，应检查管路，取出堵塞物。

（3）稀油泵发热：泵的间隙不当，应调整泵的间隙；油液黏度太大，应合理选择油品；压力调节不当，超过实际需要压力，应合理调整系统中各种压力；油泵各连接处泄漏，容积损失而发热，应紧固各连接处，并检查密封，防止漏泄。

（4）干油站轴承发热：滚动轴承间隙小，轴套太紧，蜗轮接触不好，应调整轴承间隙，修理轴套，研合蜗轮。

（5）液压换向阀回油，压力表不动作：油路堵塞，应将阀拆开清洗、检查、使油路畅通。

（6）压力操纵阀推杆在压力很低时动作：止回阀不正常，应检查弹簧及钢球，并进行清洗修理或换新的。

（7）干油站压力表挺不住压力：安全阀损坏，给油器活塞配合不良，换向阀柱塞配合不严，油泵柱塞间隙过大，应修理安全阀，更换不良的给油器，排出管内空气，更换柱塞，研配柱塞间隙。

（8）连接处与焊接处漏油：法兰盘端面不平，连接处没有放垫，管子连接时短缺，存在焊口与砂眼，应拆下修理法兰盘端面，放垫紧螺栓，多放一个垫并锁紧，拆下管子重新焊接。

G　油雾润滑系统故障分析

（1）油雾压力下降，供气压力太低，应检查气源压力，重新调整减压阀。

（2）分水滤气器积水过多，管道不畅通，应放水、清洗或更换滤气器。

（3）油雾发生器堵塞，应卸下阀体，清洗吹扫。

1.2.5　设备润滑保养标准作业和常用工具

设备运行中的油品维护至关重要。温度高、氧化、水分、杂质、金属等都会对润滑油液的品质产生影响，使油液变质，进而影响轧钢机需要润滑的部位，导致运动副间的摩擦增加，设备寿命缩短。需要员工严格按照设备润滑标准作业指导进行。一般润滑作业指导表见表 1-7。

表 1-7　设备润滑标准作业指导表

润滑部位	油类	油量	加油周期	加油者	时间
轧钢机连接轴	美孚 ×××	×L	每周	×××	×年×月×日

设备润滑常用工具：

（1）油枪、油壶、油杯。油枪如图 1-6、图 1-7 所示。

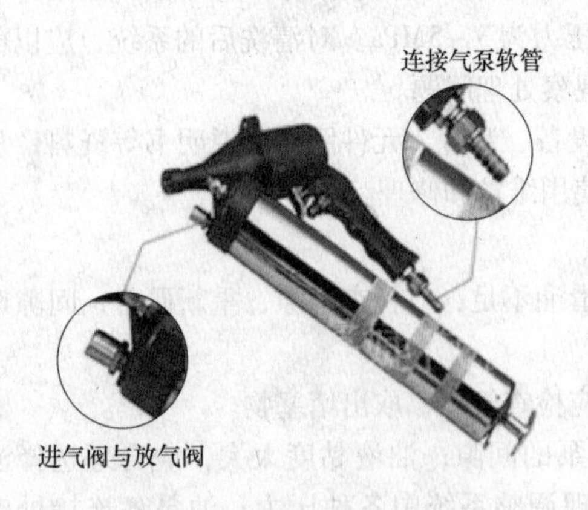

图 1-6　油枪

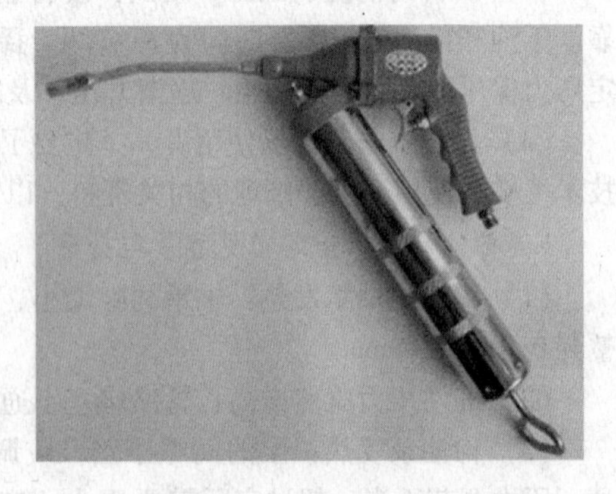

图 1-7　黄油注射枪

（2）油液取样器，如图 1-8 所示。

1.2.6　案例分析

轧钢设备日常保养工作。

（1）工作准备。

1）查阅相关轧钢机设备说明书，了解需要润滑的部位和油液技术参数。

2）查阅轧钢机传动系统说明书。

3）熟悉设备机械传动图、液压图、润滑图、仪器参数的技术含义等。

4）了解“轧钢机设备日常保养标准作业”。

5）务必熟悉轧钢生产操作规程。

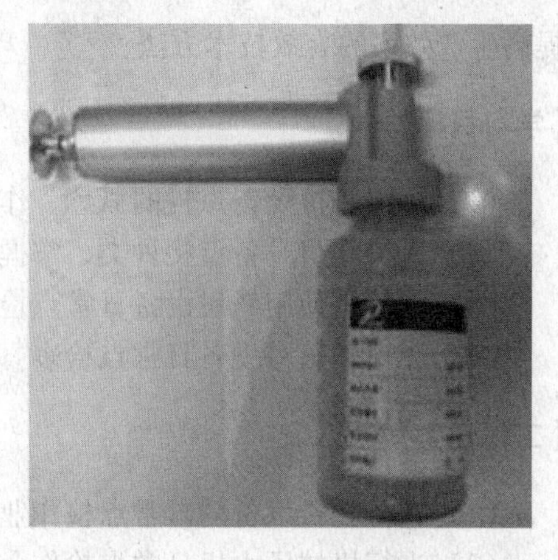

图 1-8　油液取样器

（2）工具、材料准备。

1）刷子、棉布。

2）锤子、扳手、起钉器。

3）油枪、油壶。

（3）实施工作。

1）工作前：

①检查交接班记录本，了解设备运行状态；

②按照“轧钢机设备日常保养标准作业”要求进行作业。

2）工作后：

①清扫工作；

②擦拭操作工作台的面板，保证轧机操控台清洁；

③检测仪器各归各位；

④认真填写交接班记录。

3）工作检查：能到达相应规定要求。

【参考资料】

轧钢设备操作规程中的润滑技术要求。

【想做一体】

（1）设备保养有什么作用和用途？

（2）设备保养技术意义是什么？

（3）轧钢设备润滑常用的润滑油液种类有哪些？

任务 1.3　轧钢设备日常点检作业

【导言】

日常点检作业是设备点检作业中最基本完善的方法，它是设备操作者根据轧机设备日常点检标准，对设备关键部位进行技术状态检查和监视；掌握设备在运行中的状态，及时发现设备异常，实现预知维修，保证设备正常运转。同时点检作业是一种制度和管理方法，是重要的维修活动信息源，是做好修理准备进化的基础，能有效降低设备故障率，是提高生产效率的有效技术方法。

【学习目标】

（1）了解轧机设备点检的概念、作用和意义。
（2）懂得轧机设备点检种类，掌握日常点检方法和手段。
（3）能熟练使用轧机设备日常点检常用工具和检具。
（4）会正确填写设备日常点检表。

【工作任务】

（1）进行轧机设备的日常点检作业。
（2）进行机械压力机日常点检作业。

【知识准备】

（1）轧机设备点检概念、作用和意义。
（2）轧机设备日常点检的方法和手段。
（3）日常点检常用工具盒检具。
（4）能开展自主点检活动安排。
（5）轧机设备日常点检流程图。

1.3.1 设备点检

1.3.1.1 设备点检的概念

能维持生产设备的原有性能和通过人的五感（视、听、嗅、味、触）或简单的工量、仪器，按照预先设定的周期和方法对设备上规定部位进行有无异常的预防性周密检查过程，以使设备隐患和缺陷得到早期发现、早期处理，保证设备正常运转，使设备效率得到最大体现的方法，这种设备检查的技术称为点检。

设备点检中的“点”是指设备关键部位，通过检查这些点，能及时准确获取设备技术状态的有关信息。

1.3.1.2 设备点检的定位

维修是点检的后续工作，这点一定要明确。点检员通过对生产设备进行的点检作业，准确掌握设备状态，采取早期防范设备劣化的措施，实行有效的预防和预知计划维修，维持和改善设备的工作性能，延长机件使用寿命，提高设备工作效率，降低维修费用，减少故障停产时间。

因此，维修不是由计划来安排的，是完全取决于点检周期的正确和点检作业的精度，是点检有结论后才安排维修计划。由此可见，点检工作无论是在设备状态管理、技术管理，还是在设备维修计划管理、维修费用和设备信息系统中，都处于重要的地位和起着核心的作用。

企业的一切设备管理业务始于点检，点检是企业设备预知维修的基础，是现代企业设备管理的核心，是企业关键设备的保健医生，点检是企业产品生产设备的管家。

1.3.1.3　设备点检的作用意义

设备点检是一种先进设备维护管理制度，以“预防为主”为指导思想推行全员参与设备维护管理。其作用和意义体现在以下几个方面。

（1）实行设备点检制度能有效使设备隐患和异常及时得到发现和处理，保证设备经常处于高效运转工作状态，提高设备完好率和利用率，实现设备效率最大化。

（2）点检作用突出检查作用，具有明确量化的检测测定标准。既保证了每次检查目的和维护技术的方法、检测的技术手段，又使设备突发性事故可能性降到最低，最大限度减少故障发生后抢修工作量，有利于增加生产率和降低维修费用。

（3）有利于建立完整设备技术档案，便于信息反馈和实现计算机辅助管理。

（4）设备点检工作目标明确，路线具体，实施有效，效果突出，有利于设备维护工作量化，是企业确定维修由事后维修向先进的预防维修转变的关键。

（5）设备点检严格按照专用点检卡片进行，将结果记入标准日常点检卡中起到标准化系统化。

（6）建立设备“要我保护”的观念，改变劳动者观念和思维，养成职业化的行为习惯。

1.3.1.4　设备点检的分类

（1）按点检种类可分为良否点检与倾向点检。

1）良否点检：只检查设备的好坏，即通过对劣化程度的检查来判断设备的维修时间。

2）倾向点检：通常用于突发故障型设备的点检，对这些设备进行劣化倾向性检查，并进行倾向管理，预测维修时间或更换周期。

（2）按点检方法，可分为解体检查与非解体检查。

（3）按点检周期可分为日常点检、定期点检和精密点检。具体形式见表 1-8。

表 1-8　点检工作具体形式

分类	点检的时间与方法	承担部门	周期	内容
日常点检	运转前、后或运转中点检，主要凭五感或简单工器具来检查	操作工	由点检员设定点检部位，周期一般在一周以内	良否点检及给油脂等
定期点检	运转前、后或运转中点检，凭五感及仪器来检查	专业点检员	按设备状态而定，通常在一个月内	振动、温升、磨损、异音、松动等
精密点检	主要用解体或循环的方法，或用仪器，仪表测试的方法	专业点检员、专业技术人员	按设备而定，通常为一个月以上	精度、劣化程度、给油脂状况等

1.3.1.5　设备点检具体含义

以轧机设备点检为例，其具体工作内容和相应流程如图 1-9 所示。

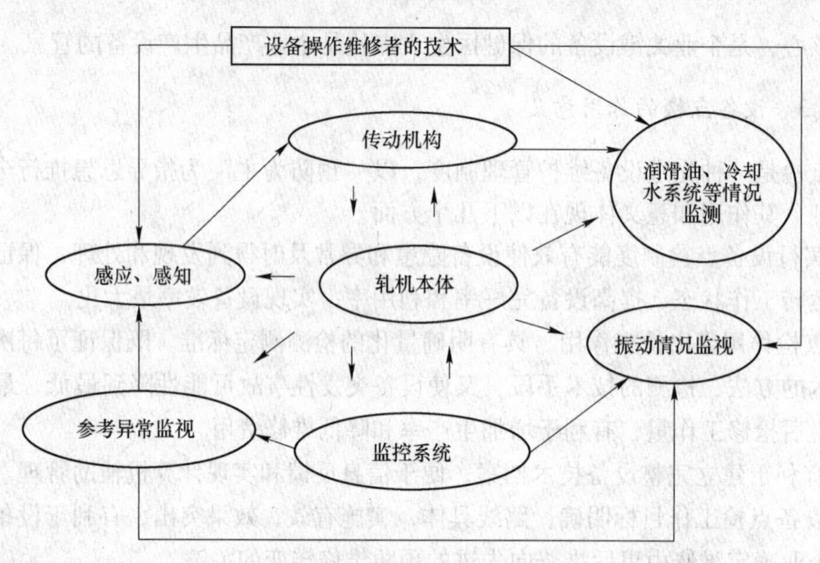

图 1-9　设备点检具体内在含义图

1.3.2　轧钢机设备日常点检所需技能

点检技能是体现专业点检水平的一个重要方面。专业点检员判断设备劣化程度准确性和修复劣化的水平，寻找设备故障点的速度和准确性，以及排除故障和恢复设备正常运行所需时间的长短等就能体现点检员的整体能力和素质。专业点检员凭借自己所具有的知识、技术、经验及逻辑思维，在生产现场发现设备存在的问题并能切实解决这些问题。点检员所必须具备的这种能力就称为点检技能。

1.3.2.1　点检技能的组成

(1) 前兆技术。通过设备点检，从稳定中找出不稳定的因素。

(2) 故障的快速处理技术。设备发生故障后，迅速分析和判断故障发生的部位，制定排除故障的方案，尽快排除故障或采取紧急应变措施，让设备恢复工作，使生产继续进行的技术。

1.3.2.2　机械点检技能

(1) 信息是点检技能的前兆技术，是利用机械设备在点检时所获得的一切有用的信息，经过分析处理，以获得最能识别机械设备状态的特征参数，并做出正确的判断结论，作为修理的依据，使故障及时处理排除。

作为信息技术通常应包括三个基本环节：1) 信息的采集；2) 信息的分析处理（数据处理）；3) 状态识别、判断和预报。

一个高水平的点检员的高明之处就在于能抓住一切有用的信息，运用所积累的知识和经验做出恰当正确的判断。如天津某钢丝制造有限公司车间主任，在车间凭听声音就能判断设备是否正常。所以平时在设备正常运行时，熟悉和掌握机械设备的运行状态和特征，对鉴别设备是否异常，判断劣化程度有着非常重要的意义。

（2）专业点检员应具备的知识和方法。必须掌握以下几方面的知识：1）机械传动、机械零件设计方面的知识；2）材料力学及金属处理等有关知识；3）熟悉和掌握设备在生产过程中的作用及对产品质量的影响知识；4）熟悉掌握相关专业的有关知识。

A　日常点检方法

利用人的五官检查设备。结构相对简单的设备检测可以依靠眼看、手摸、耳听、鼻嗅等人体感官的感觉判断设备的运转情况，还可以采用听音棒、点检锤、温度计等一些简单辅助器具。任何一种检测方法，都是根据采集到的声响、温度或不规则的振动与机械设备正常运行时的声音、温度和振动进行比较来进行判断设备劣化状况。

（1）视觉方法进行点检：

1）仪器。各种类型仪器（I、P、T）指示值及各指示灯状态，将观察值与正常值对照。

2）润滑。观察润滑状态、油量大小、是否漏油。

3）磨损。设备损伤、腐蚀、磨损蠕动等。

4）清理。设备及周围清洁。

（2）用听觉方法进行点检。检查巡视工程中需要对设备运转的声音进行判断。常见异常声响如下：

1）碰撞声。紧固部位的螺栓连接松动，金属之间互相摩擦。

2）金属声。齿轮啮合不良、联轴器的磨损、轴承润滑不良。

3）噪声。鼓风机喘振时出现，泵运转的空转。

4）断续声。轴承中混入异物。

5）振动声。往复运动设备螺栓松动不平衡。

6）轰鸣声。电机缺相，电磁铁接触不良。

（3）用触觉方法进行点检：

1）温度无异常，一般轴承部位温度低于45℃为合格；电机转动时温度低于60℃为合格。手摸能忍受数秒的温度为60℃左右；不能忍受数秒的温度为70℃以上。

2）在保证安全的前提下触摸感觉设备在运转时是否有振动现象。一般情况下振动是设备重大损坏的重要因素，需要特别加以点检。

（4）用嗅觉方法进行点检。空气中有无异常的味道和烧损的气味。

B　日常点检常用工具盒检具

轧机设备点检作业中常用工具、检具检测：

（1）常用工具。扳手、螺丝刀、油枪、油壶、简单手持式检测仪。

（2）常用检具主要是人的“五官”。

例如，对机架点检主要是基础螺栓、衬板、导向梁、框架、立辊箱、主减速箱，连接轴，提升缸侧向等重要的传动点和连接点。主要内容是各传动机构运转有无异常、各部位连接是否有松动、衬板是否过度磨损等点检工作。主要查阅表 1-9 所列点检内容。

表1-9　设备点检内容

序号	部位	项目	内容	点检	周期	点检分工			状态		点检方法					
						操作	维护	点检	通行	停止	目视	耳听	闻	敲击	手测	精密点检
1	机架	基础螺栓	紧固状态	无松动	1Y			√		√				√		
			固定螺栓状态	无松动	3M			√		√				√		
		衬板	表面完整性	无裂纹	3M			√		√	√				√	
			润滑状态	润滑良好	1d			√		√						
			磨损	1mm	3M			√			√				√	
2	主减速箱	齿轮润滑	油流速指示器	指示正常	2h		√			√		√				
			振动	无异常	1d		√	√			√					
		轴承润滑	油液温度	油量充足	≥1h		√		√							
			振动	无异常	1d		√		√		√	√				√
		齿轮	齿面状态	无严重点蚀	5Y			√		√	√					
			接触点	≥70%	5Y			√		√						
			齿和内侧	≤3倍安装间隙	1Y			√		√						
		轴承	间隙	≤3倍安装间隙	1Y			√		√				√		
			齿磨损	<25%原齿厚	1Y			√		√				√		
		联轴器	连接螺栓紧固状态	无松动	2h		√		√	√		√		√		
			运转状态	无抖动异常	2h		√		√			√				
3	万向接轴	十字插头组件	完好性	无裂纹	15d			√		√	√	√				√
		轴承	运转情况	无异常	2h		√		√		√	√				
			润滑情况	无异常	3h		√			√	√					
		法兰	连接检验紧固情况	无松动	2h			√		√	√					

续表 1-9

序号	部位	项目	内容	点检	周期	点检分工			状态		点检方法					
						操作	维护	点检	通行	停止	目视	耳听	闻	敲击	手测	精密点检
3	万向接轴	主轴	端面情况	无损伤	27d			√		√	√					
		套筒衬板	磨损	双侧>300	3M			√		√	√					
			轴承运转情况	无异常	2M			√			√					
		传动轴	运转情况	无异常	2h			√		√	√					
4	机梁辊	传动轴	运转情况	无异常	2h			√		√	√					
		辊道	磨损	<3%	2h			√	√		√	√				
			轴承运转	无异常	1d			√	√		√	√				
5	提升缸	缸体	磨损情况	无渗漏	2h		√		√		√		√			
		软管接头	渗漏状态	无渗漏	4h		√		√		√		√			
		缸体固定螺栓	紧固状态	紧固状态	1h		√		√		√		√			
6	测压缸和固定缸	油管及接头	磨损情况	无松动磨损	2h		√		√		√		√			
		缸体固定检查	紧固状态	无松动	1h		√		√		√		√			
		压盖	螺栓紧固	无松动	2h			√		√	√					
		密封活塞件	拉伤状况	无松动				√		√	√	√				
		AMC 缸	窜动情况	无松动			√			√			√			
		回拉缸销	连接状况	连接正常			√	√	√	√						

C　设备日常点检实施流程图

为便于快捷、有针对性地明确工作任务和流程，一般制定设备日常点检流程图，如图1-10所示。

1.3.3　设备操作者活动内容

操作者活动内容是以设备操作员为主，突出谁操作、谁主体的原则，目的是实现设备零故障、零灾害、零不良，通常设备维护操作活动分为5个阶段进行，每个阶段有不同的任务和宗旨，见表1-10。自由点检活动阶段如图1-11所示，点检技术人员活动阶段如图1-12所示。

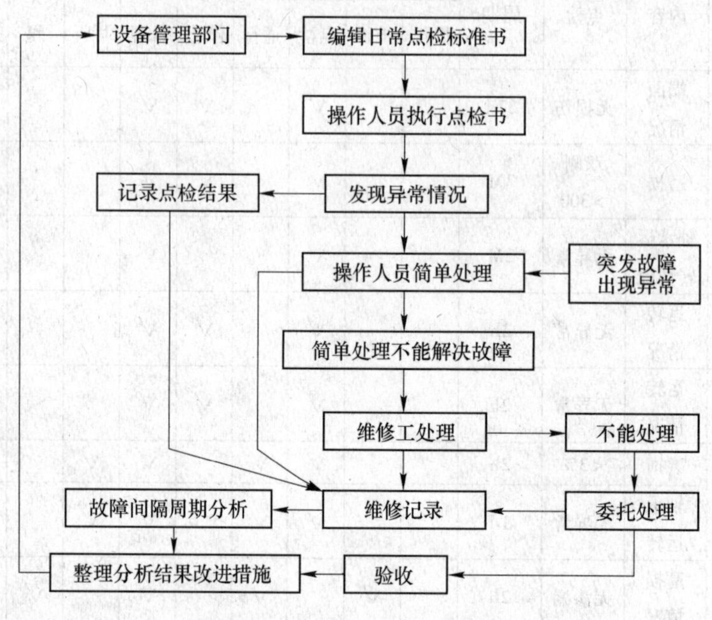

图1-10 设备点检作业流程图

表1-10 设备操作者自我活动内容

阶段	名称	活动目的	主要活动内容
1	清扫点检	通过接触设备区，体会清扫就是点检污物对设备强制性劣化影响	（1）以设备主体为中心彻底清除污垢； （2）检测设备缺陷消除设备运行的故障点； （3）清理设备周围的赃物
2	找发生源对周围部位的影响	改善污垢对设备的影响和设备的表面清洁	（1）防光扩散； （2）进行故障分析； （3）改善工作内容
3	制定加油标准	制定设备维护管理标准以防设备劣化	（1）确定清扫点检的行动标准； （2）以防再次发生不良故障
4	自主点检	制定不良事故零目标	（1）协商各部门点检标准和相应路线； （2）充实班组各项点检活动； （3）争取降低设备故障概率的目标
5	整理整顿	整理人、物品、设备、方法等信息，确立各种现场管理项目的标准	（1）重新布置工具架及周围的物品； （2）彻底并重新认识作业标准化

1.3.4 案例分析

上海某公司设备点检及交接班制度表见表1-11。

结合表1-11合理进行轧钢机的日常点检作业。

（1）工作准备。

1）查阅650轧钢机说明书，了解设备基本信息和参数。

2）明确650轧钢机“日常点检标准作业指导”。

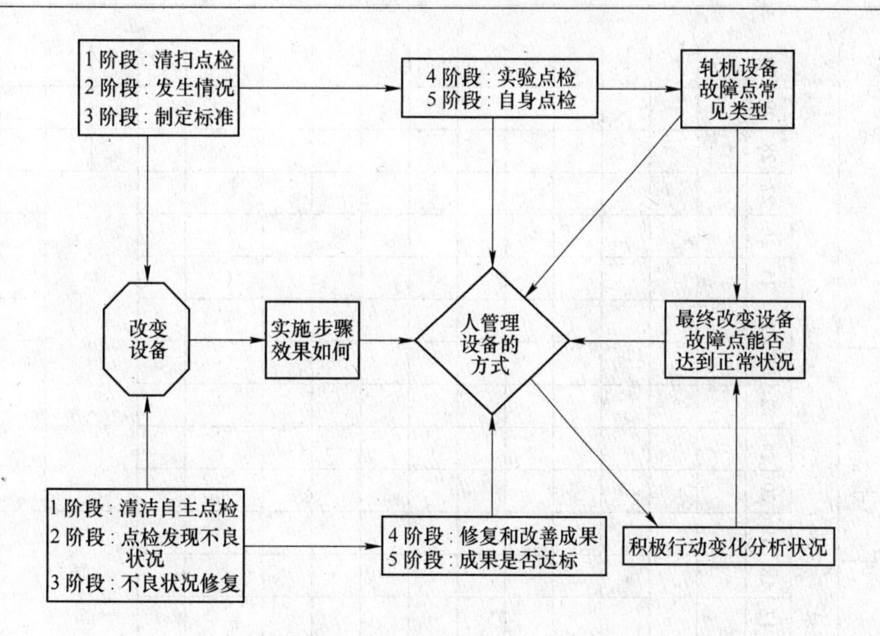

图 1-11 自主点检活动阶段一览表

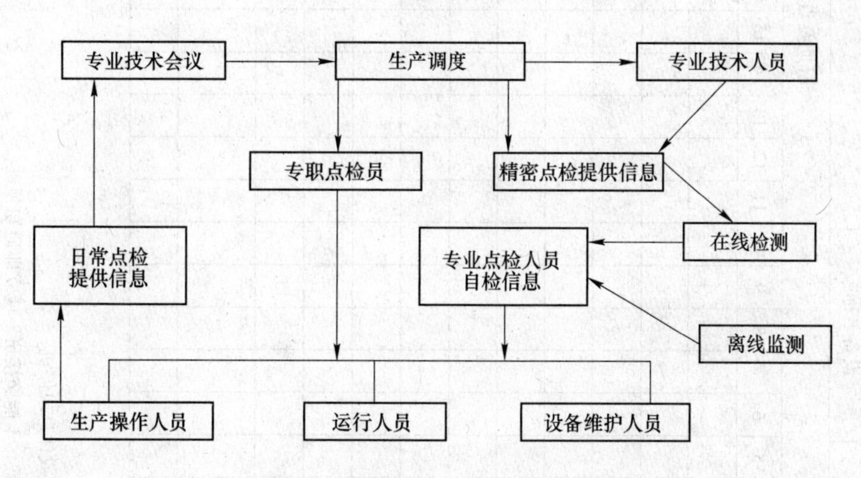

图 1-12 点检技术人员活动阶段一览表

3）阅读设备安全操作规程熟悉该设备的机械结构图、液压图、润滑图、仪表技术参数和电控图。

4）熟悉 650 轧钢机《日常设备点检表》。

（2）工具、材料准备。

1）刷子、棉布。

2）扳手、起子。

3）油枪。

4）点检仪器和笔。

（3）实施。

1）按照 650 轧钢机“日常点检标准作业指导”要求逐项对设备点检。

2）认真填写设备日常点检表。

表 1-11 上海××有限公司××年××月设备点检及交接班制度表

车间		班组		操作者	
机器型号		设备名称		设备编号	

序号	点检内容	日期及点检记录																													
		1	2	3	4	5	6	7	8	9	10	11	12	13	14	15	16	17	18	19	20	21	22	23	24	25	26	27	28	29	30
1	设备无灰尘、杂物																														
2	各操纵按钮齐全无缺损																														
3	各指示仪表正常																														
4	油箱油位正常																														
5	电机运转正常无杂音																														
6	油泵运转正常																														
7	压力表指示正常																														
8	温度表指示正常																														
9	油路通畅无泄漏																														
10	工位器具摆放整齐																														
11	传动机构运转正常、无异常声音																														
交接班签字记录																															

说明：

1. 点检在交换班正式生产前进行；
2. 正常打“√”，不正常打“×”，并报告领班或休息或停机；
3. 交接班记录由接班人签名或写工号，发现异常，不能交接班，应立即通知领班；
4. 本卡每月一张，月底交领班检查，签字后交生产部；
5. 设备运转时间（小时），按实际运转时间填写，在交接班前填写。

3）按照“设备日常点检流程图”处理。

4）工作完毕检验。

【参考资料】

设备管理基本知识、中国设备网。

【想做一体】

（1）设备点检的概念、作用和意义分别是什么？

（2）设备日常点检目的是什么？

（3）设备日常点检常用工具和仪器有哪些？

（4）轧钢机日常点检具体内容是什么？

情境2　轧机维修班组级设备预防维修

任务2.1　生产区域的设备日常巡检作业

【导言】

现代冶金设备的生产效率越来越高，生产节奏越来越快，生产对设备的稳定和可靠运行越来越依赖，实施“以点检为核心”的设备管理，即通过设备日常巡检作业及时掌握设备运行状态，采取早期防范设备劣化措施，实行有效的预防计划维修，维持和改善设备工作性能，以减少事故停机时间，保证设备的稳定性和可靠性，延长设备使用寿命。

【学习目标】

（1）明确设备点检员工作内容和巡检作用。
（2）会使用检测设备运行状态的工量具。
（3）会判断设备运行状态，确定轧辊在工作中的技术参数。
（4）能进行生产区域设备巡检作业。
（5）能正确填写设备巡检记录。

【工作任务】

（1）在轧机生产区域进行设备点检作业。
（2）在装配生产区域进行设备巡检作业。

【知识准备】

2.1.1　设备点检员职业分析

2.1.1.1　点检员

对在线生产设备（系统）进行定点、定期的检查，对照标准发现设备异常现象和隐患，分析判断及其劣化程度、提出检修方案，并对方案的实施进行全程监控的技术人员。

2.1.1.2　点检员的主要工作内容

（1）对设备进行分类、编码、更新和管理维护。
（2）检测设备关键点的运行状态。
（3）采集和分析设备状态信息。
（4）能确定设备检修方式。
（5）编制设备维修方案，监控设备维修过程。

2.1.1.3　设备点检员职责

点检员是设备技术状态的管理员，是设备运行、维护、检修技术管理的中坚力量，对设备的技术状态负责。

（1）负责对所辖区域设备技术状态管理，按点巡检要求，设备技术维护要求定期按时进行设备的现场巡视并做好记录。

（2）负责设备的检修计划、备品备件计划、设备技术维护计划的制订和现场故障处理。

（3）负责设备检修计划的组织实施，质量监督验收等。

（4）负责与维修工段（公司）联络，开出检修委托工作量签证。

（5）负责设备故障的检测分析诊断，提出处理意见和检修改进方案。

（6）负责设备的现场管理、指导、检查，督促生产岗位人员搞好设备操作和日常维护。

（7）负责设备运行档案的填写与管理。

（8）负责本区域岗位人员的设备知识培训。

2.1.2　了解设备巡检的作用和意义

现代冶金企业生产设备日益向自动化、高速化方向发展，一旦发生事故势必打乱生产计划，造成生产线停顿，易造成重大经济损失，所以企业对生产区域中在线生产设备进行定点、定期检查，对照标准发现设备异常现象和隐患，分析和判断劣化程度，提出相应的检修方案，要实施全程在线监控，尽量提前把设备故障消灭。还有实施预防性维护作业，通过对生产设备巡检、检查，指导操作者正确操作与维护设备，减少因误操作造成设备的损坏。

设备劣化是指设备运行过程中，由于各种外在各种因素影响，导致零部件发生磨损、松动等现象，这些现象导致设备整体运转及各项性能参数发生变化，最终影响设备的稳定性，使设备逐渐丧失工作能力。一般设备劣化过程是污物污染—造成油污—接触面产生划痕—表面产生应力集中或生锈—螺栓松动—设备振动—结构变形—……—产生不同形式故障。

2.1.2.1　设备区域维护主要内容

设备区域维护又称维修工包机制，即维修工人承担一定生产区域内的设备维修工作，与生产操作工人共同做好日常维护、巡回检查、定期维护、计划修理及故障排除等工作，并负责完成管区内的设备完好率、故障停机率等考核指标。区域维修责任制是加强设备维修为生产服务、调动维修工人积极性和使生产工人主动关心设备保养和维修工作的一种好形式。

2.1.2.2　主要组织形式及工作任务

设备区域维护主要组织形式是区域维护组，是以区域维护为主。区域维护组全面负责生产区域的设备维护保养和应急修理工作，它的工作任务有以下几点。

（1）负责本区域内设备的维护修理工作，确保完成设备完好率、故障停机率等指标符合要求。

（2）认真执行设备定期点检和区域巡回检查制，指导和督促操作工人做好日常维护和定期维护工作，查看所辖区域内所有设备点检卡、交接班记录，及时处理存在的问题。

（3）在车间机械员指导下参加设备状况普查、精度检查、调整、治漏，开展故障分析和状态监测等工作。

（4）按照计划定期检查设备外观、润滑系统、设备主要精度、技术状态；对设备进行调整和更换易损件，做好设备动态管理。

2.1.2.3　设备巡检区域的确定

设备巡检作业的目标，是确保所属作业线设备正常运转。因此企业设备巡检区域的划分是以本企业产品的作业线为依据的，从原材料到产品成型的作业线来布置区域巡检设备的内容，完成设备巡检的使命。一般产品的生产线大致分为以下三种，如图 2-1 所示。

（1）简单型的生产线，如电子零件生产线、家具拼装线等。

（2）单一原料但不同产品的生产线，如钢铁企业、有色金属冶炼、石化企业。

（3）多种原料及半成品组装成产品的生产线，如汽车制造、家电产品、机械制造企业。

简单型的生产线

产品 1

单一原料，不同产品的生产线

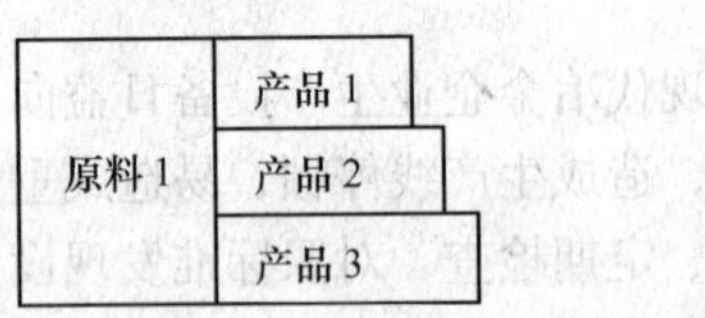

多种原料、半成品、组装成半成品的生产线

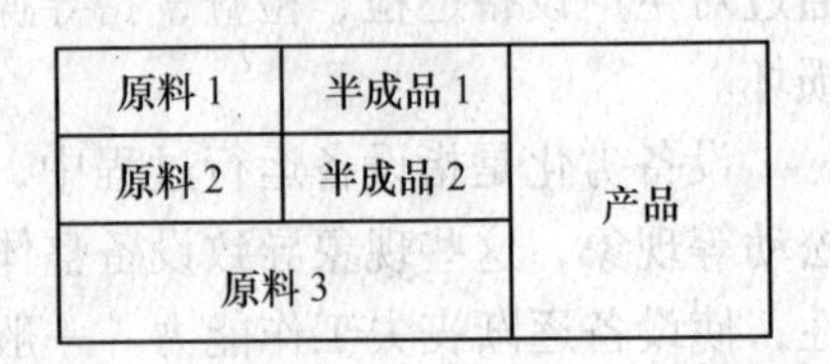

图 2-1　各种产品生产线的示意图

2.1.2.4　设备巡检区域划分原则

开展设备巡检作业最方便、巡检作业路线最短、巡检作业中的辅助时间最少是设备巡检区域划分的原则。一个设备巡检作业区，视其企业类型，设备情况，设备相应的机械、电气、仪表等点检员而定。一般一个点检小组由专职点检员 4 ~6 人组成。

A　设备巡检工作的基本特点

（1）确定专职检验人员，负责某个生产工艺段的设备，实行常白班工作制。点检员不同于维护工人、检修工人，也不同于维护技术人员，而是经过特殊训练的专门人员。确定检查设备故障点，明确设备的点检部位、项目和内容，使检验人员有目的、有方向地进行设备点检。

（2）确定设备劣化量，把设备技术诊断和倾向管理结合起来，进行设备劣化的定量化管理，测定劣化速度，达到预知维修的目的，实现了现代设备技术和科学管理方法的统一。

（3）确定检查周期，对故障点的部位、项目和内容均有预先设定的周期，并且根据点检员素质的提高和经验积累，进行修改和完善。

（4）确定检查标准，定标准是衡量或判别点检部位是否正常的依据，也是判别该部位是否劣化的尺度。

B　巡检路线的确定

点检员每天都要到生产区域去检查设备，是有目的的检查，没有随意性，而要事先有所考虑地走规范化的路线，注意做到“全面、合理、快捷、精悍”四要素。绘制的巡检路线图来巡检，确保生产区域巡检任务完成，能避免重复点检，又避免巡检项目漏检，保证巡检到位。

C　选择设备巡检的方法和手段

设备巡检是属于动态点检，即不停机的点检，是一种定性的检查。常用的检查方法和手段有两类。

（1）以主观感觉为主，包括眼看、耳听、鼻嗅、手触等环节。用双目来测试设备看得见的部位，观察其外表变化来发现异常现象，是巡视检查最基本的方法，如标出设备漆色的变化、裸金属色泽，充油设备油色等的变化、渗漏，设备绝缘的破损裂纹、污秽等。

带电运行的设备，不论是静止的还是旋转的，有很多都能发出表明其运行状况的声音。如变压器正常运行时，平稳、均匀、低沉的“嗡嗡”声，这是交变磁场反复作用振动的结果。巡检人员随着经验和知识的积累，只要熟练地掌握了这些设备正常运行时的声音情况，遇有异常时，用耳朵或借助听音器械（如听音棒），就能通过它们的高低、节奏、声色的变化，杂音的强弱来判断电气设备的运行状况。

巡检人员在巡视过程中，一旦嗅到绝缘烧损的焦煳味，应立即寻找发热元件的具体部位，判别其严重程度，如是否冒烟、变色及有无异音异状，从而对症查出。但必须强调的是，要分清可触摸的界限和部位，明确禁止用手触试的部位。

（2）客观检测，使用仪器检查，巡视检查设备使用便携式检测仪，测量温度、振动、噪声等，以此获得设备技术状态的信息，获取客观数据，应用非常广泛。

1）测温法。利用接触式测温仪、非接触式测温仪测量设备在工作状态时的温度，检查与标准温度是否一致，判断设备运行状态是否正常的一种方法。常用来检测以下常见故障：

①轴承损坏。滚动轴承由于各种原因造成运转时温度的升高，表明有损坏现象的出现。

②电器元件故障。可以检测因摩擦、接触不良引起的温度升高。

③液压系统、冷却系统的监测。其系统由于某些故障造成局部的温升可以检测到。

2）测振法。利用振动传感器、信号放大器的测定设备的振动频率、振幅等技术参数发现设备异常振动，并解析原因，广泛用于齿轮传动环节的监测。如轴承的振动检测仪能有效发现设备在某个区域出现故障，是哪些故障，是由何种因素引起的，直接找到病灶加以处理。

D　设备巡检工作步骤

（1）检测设备关键点运行状态。设备点检员运用“五感”和检测仪器，按照设备巡检表内容逐项检测，巡检过程中，发现异常及时处理，并将处理结果记录并传达给负责部门。记录内容主要有：设备名称、型号、编号；何种部位、何种零件发生何种问题；在何时、何地、何人发现，何种原因引起的。

（2）采集和分析设备状态信息，收集到巡检信息后需要比较、对照、分析运行状态，判断有无异常，必要时需要再次到现场核对。

（3）确定设备检修方式。当判断分析设备存在异常时，就要对其原因、部位、危害和危险程度进行相应的评估，制定处理和解决措施，协调维修时间。

（4）对设备维修过程进行监控和记录。

（5）整理材料记录档案。例如检查起重机卷扬机（A类）设备时巡检的具体工作：

1）检查及紧固各类紧固件。

2）检查制动器制动应及时、可靠、灵敏、松闸时闸瓦应完全脱开。

3）检查钢丝绳是否有开股或断股现象。

4）钢丝绳在卷筒上的卷挠圈数应不低于3圈，否则应更换或延长钢丝绳。

5）钢丝绳末端固定应可靠。

6）检查电机应无异常声响、温升应不超过60℃。

7）检查减速机应无漏油现象。

8）做好设备润滑、巡检记录。

E　设备隐患部位和表现

设备出现隐患或故障的部位和表现出的具体形式是有一般规律的，这就需要点检员在生产区域巡检时监测设备劣化状态的诊断点和表现出来的状态。对设备劣化的监测可从机械、电气、温度、化学四个方面来进行，见表2-1。

表2-1　生产区域巡检设备隐患的部位和相应表现

诊断点及故障表现 / 检测方式	监测劣化状态的诊断点	劣化及隐患故障表现状态
机械检测	载荷、超重、冲击、振动、摩擦、运动	变形、裂纹、振动、异常、松动、磨损
电气检测	电压、电流、电磁	漏电、断路、短路、焦烟
温度检测	辐射、相对滑动、摩擦	变色、冒烟、有异味、温度异常
化学检测	酸性、碱性、电化学、化学变化	氧化腐蚀、材质变化、油污染

F　设备技术状态的完好标准评价表

设备技术状态的完好标准评价要求需要进行定量分析和评价，一般要求参考设备完好表进行。设备完好表一般包含机械部分和电控部分的评判标准，机械部分主要是液压传动、各种类型的机械传动和润滑系统的组成，电气部分主要是各种电气元器件、电气控制各系统的组成。设备完好表的具体要求见表2-2。

表2-2　设备完好表的具体要求

序号	完 好 标 准	备注
1	设备性能良好，机械设备精度满足工艺要求，动力设备的能力符合工艺要求、运转稳定、无超压超温等现象	
2	设备运转正常，部件磨损、腐蚀程度不超规定技术标准，仪器仪表正常，润滑系统安全运转	
3	能耗消耗正常，无漏水、漏油、漏气、漏电等不良现象	
4	设备制动、离合、连锁、安全防护及电控系统齐全、灵敏、可靠	

所以设备在使用过程中，由于受到各种力的作用和环境条件、使用方法、工作规范、

工作持续时间长短等的影响，其技术状态发生变化而工作能力逐渐降低。要控制这一时期的技术状态变化，延缓设备工作能力下降的进程，除应创造适合设备工作的环境条件外，还要用正确合理的使用方法、允许的工作规范，控制持续工作时间，精心维护设备。因此，正确使用设备是控制设备技术状态变化和延缓工作能力下降的基本要求。

2.1.3　案例分析——液压机设备巡检作业

2.1.3.1　工作准备

（1）准备好“液压机设备巡检表”，见表 2-3。

表 2-3　液压机设备巡检表

设备编号		设备名称		月份
巡检员		操作者		班组
	检查内容	完好标准	巡检记录标记 ○完好 △异常	
机械液压传动网络系统	各阶段设备运转有无噪声	无刺耳声音		
	各电机的螺栓连接是否牢固	牢固		
	油缸是否漏油，工作是否正常	无漏油现象		
	设备动作是否正常	润滑正常动作可靠		
	电机温度是否正常	温度正常		
	目视检测显示器、关停开关压力继电器等有无破损，安装是否牢靠	无损坏、牢固可靠		
	检查限位开关保证安全可靠	无损坏、牢固可靠		
	传动系统环节有无异常	无升温、无异常、传动正常		
安全防护装置	检查设备安全防护装置是否完整	完整可靠		

（2）查阅设备说明书，了解设备信息。
（3）学习设备巡检的相关知识。
（4）熟悉设备结构、使用性能，观察压力表表值是否正常、符合安全操作规程。

2.1.3.2　工具材料准备

油漆记号笔、笔、棉布、扳手。

2.1.3.3　实施步骤

（1）按照事先预定好的巡检路线、项目、检测技术方法检查设备各项技术指标和动态，要符合检查的周期和时间。
（2）合理运用检测手段逐项检查确认。

（3）指导操作者进行日常设备点检工作。

（4）巡查操作者对设备的维护基本情况进行了解、收集日常情况、掌握设备运行动态。

（5）将设备中最容易损害的零部件作为点检重要目标，实现重点检查。

（6）巡检完毕务必及时汇总巡检中的各项技术信息，向上级部门及时反映。

（7）对仪器、线路等重要的标示做出醒目的标识。

【参考资料】

点检定修制的探讨、如何推行设备点检、设备点检管理与预知性维修分析、推行设备点检制的实践与认识。

【想做一体】

（1）设备技术状态完好的标准一般是什么？

（2）设备巡检工作有哪些？工作流程是什么？

（3）设备巡检的方法和技术手段有哪些？

任务 2.2　轧钢设备定期点检作业

【导言】

设备定期点检是按设备预防维修计划，定期对设备技术状态进行全面检查，主要是测定设备的劣化程度、精度准确性和功能参数是否正常，通过定性与定量分析查明设备异常原因，准确掌握设备潜在故障点，采取针对性强的预防措施，把故障消除在萌芽状态之中。

【学习目标】

（1）正确认识设备点检的作用和意义。

（2）熟悉设备点检的工作内容和工作过程。

（3）能进行轧机轧辊定期点检作业。

【工作任务】

轧机轧辊的定期点检作业。

【知识设备】

2.2.1　设备定期点检作用和意义

设备定期点检其实就是对设备的预防检查。其对象为重点生产设备，其工作内容复杂，按照设备不同特性、间隔固定周期依靠检测仪和感官，对设备进行状态检查，依据测量数据和结果进行设备特性综合分析，来预测故障的发生，及早找出隐患采取适当措施，把故障消灭在初始阶段。对设备检查实现定人、定点、定量、定周期、定标准、定点检计划表记录、定点检业务流程，实现作业标准化、规范化。

2.2.2　设备定期检查的对象、目的及内容

设备定期点检是对设备的运行状态、功能的完好率、设备可靠性和各种设备技术参数是否正常进行检查和检测，通过对设备状态的定量和定性分析，合理预测出隐患的易发点，将设备故障发生的概率减少到最低。

其目的是防患于未然，通过对设备进行预防性检查，可查明事故原因，提出消除故障的措施，保持设备性能的高度稳定，延长设备零部件的使用寿命，提高设备效率。同时又为做好修理、维护准备和安排修理计划提供有利条件。

定期点检的内容包括：

（1）设备的非解体定期检查。

（2）设备解体定期检查。

（3）劣化倾向定期检查。

（4）设备的精度定期测试。

（5）系统的精度定期检查及调整。

（6）油箱油脂的定期成分分析及更换、添加。

（7）零部件定期更换、劣化部位定期修复。

结合上述设备定期点检的内容我们可以归纳为“十二字环节，六点要求”。

十二字环节是指要定点、定标、定期、定项、定人、定法。六点要求是指要定点检查、要定标处理、要定期分析、要定项设计、要定人改进、要系统总结。这些要点具体地说明了设备从发现问题、分析问题、解决问题、总结问题从始至终的过程和方法。

设备的定期点检要实行全员制的管理，特别是生产工人要参加力所能及的检查和维护工作，各岗位设备负责检修人员按要求对设备进行巡回检查，并向操作人员详细了解设备运行情况，车间设备管理人员不定期对全厂所有设备进行巡回点检。一般设备定期检查的对象、目的和内容见表 2-4。

表 2-4　设备定期检查对象和内容

序号	名称	执行人	检查对象	检查内容	检查时间
1	性能检查	操作员、点检员	主要生产重点设备、质控点设备	设备故障的前兆、设备运行中出现故障现象，制定消除故障的措施	按定检计划规定时间
2	功能可靠性检查	试验检查人员	动力设备、起重设备、高压设备等特殊设备	严格按照安全规则进行负荷试验、耐压试验、绝缘试验和气密试验	以安全要求为准
3	精度检查	专业点检工	精密设备、关键设备	利用专用仪器对设备进行检测保证其精度的连续性	每半年一次

设备定期点检具体内容主要与企业生产性质、设备类型、设备故障频率的发生、设备故障停工的影响、参与维修人员的数量、设备使用状况等具体环节有关。一般企业定期点检主要针对设备故障以磨损、腐蚀、松动、振动为主。是严格按照点检标准作业指导中的项目进行的。轧机中轧辊在线点检具体内容见表 2-5。

表 2-5　轧机中轧辊在线点检具体内容

序号	名称	执行人	检查内容	检查时间
1	液压系统	操作员	冷却水的水压、水量是否正常	每天
2	轧辊表面	点检员	轧辊表面龟裂深度	每班次
3	轴承运转情况	机修工	运转声音和轴承温度、润滑是否泄漏、轴承有无间隙存在	每天
4	螺栓连接	点检员	螺栓连接是否松动	48h
5	连接轴	点检员	连接轧辊的紧固零件磨损情况	每周
6	液压润滑系统	点检员	液压及润滑装置压力是否正常、动作是否平稳，油质是否清洁、有无泄漏	每班次

2.2.3　设备定期点检周期的选取

（1）点检周期与设备劣化过程有关。点检周期与 *P*- *F* 间隔有关。*P*- *F* 是设备性能与时间之间的关系，代表设备劣化整体过程。*P*- *F* 曲线描绘了设备状态劣化的过程，如图 2-2 所示。

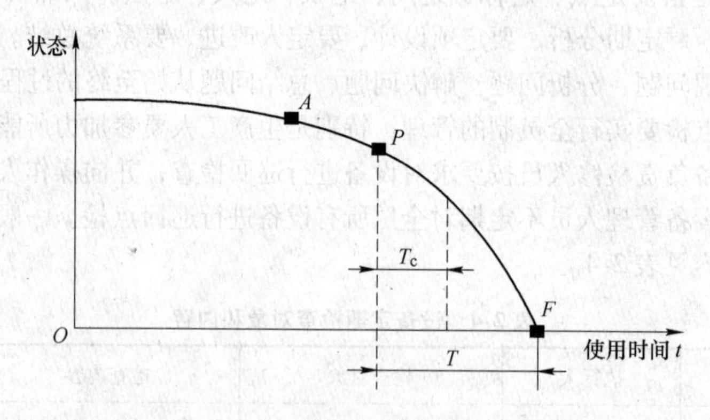

图 2-2　*P*- *F* 曲线图

A—故障开始发生点；*P*—潜在故障点；*F*—功能故障点；*T*—*P*- *F* 间隔

图中 *A* 点为故障开始发生点，*P* 点为能够检测到的潜在故障点，*F* 点为功能故障点，*T* 为由潜在故障发展到功能故障的时间历程，称为 *P*- *F* 间隔。

为了预防功能故障的发生，维修的时机应该在 *F* 点以前，而为了能够尽可能地利用设备或机件的有效寿命，维修时机应该在 *P* 点之后，这就是说应该在 *P* 点和 *F* 点之间寻找一个合适的点进行维修。*P*- *F* 间隔的长短，主要取决于故障的技术特性和诊断技术本身的技术性能。

在 *P*- *F* 间隔内，必须采取相应的维修措施，以防止功能故障的发生或避免故障的后果。但维修工作在技术和组织上有一个最短的响应时间限制，在这个时间以内，维修是可以完成的，这个响应时间称为最小 $P\text{-}F$ 间隔。最小 $P\text{-}F$ 间隔取决于设施的故障性质和维修的保障能力。

设备的零部件，元器件的磨损、疲劳、老化、烧蚀、腐蚀、失调等故障模式大都存在由潜在故障发展到功能故障的过程。设备的大部分故障是其技术状态劣化的结果，而状态的劣化是一个由量变到质变的过程，在这个过程中，总有些征兆可查，即表现为“潜在故障”。例如齿轮临近故障时齿轮箱中润滑油含有大量的金属颗粒，金属结构件上显示金属疲劳的裂纹，轴承临近故障时的振动等。如果在设备状态的劣化未发生质变之前采取相应的预防措施，就能避免故障后果的出现。

（2）点检周期与设备运行的生产制造工艺有关。设备是为生产、制造产品服务，若制造工艺简单，设备功能单一，那点检周期可以适当长，反之则点检周期务必要短。例如火车车轮点检员敲击车轮轮毂和避震弹簧以检查是否安全。

（3）点检周期与设备安全运行有关。点检周期不能超过设备发生故障发生的时间。设备定期点检周期由设备劣化过程、企业生产性质、设备类型、生产班制、工作环境等因素来确定。

2.2.4　设备定期点检的方法和手段

（1）设备功能性检查，主要通过人的五感或者依靠简单的工检具，对设备规定部位进行有无异常的周密检查。

（2）设备技术性能检查，主要是运用设备故障诊断技术。该技术是利用各种检测仪器、仪表对设备重要部位进行检测，获得设备运行技术信息，再分析确定潜在故障隐患，实现在不拆卸设备前提下，完成定期检测的任务和故障点的排除。设备诊断技术功能如图 2-3 所示。

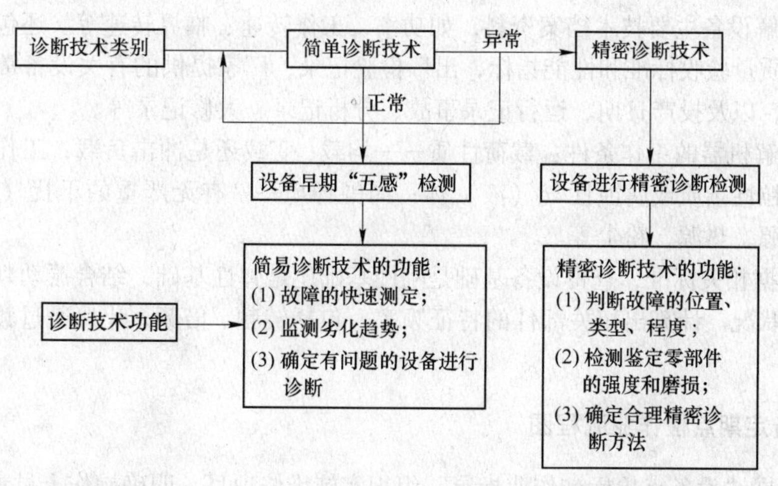

图 2-3　设备诊断技术功能图

1）静态检测法。检查测量设备处于静态下的几何精度。例如机架的水平度、立柱内侧表面的平行度、垂直度和轴承座与机架面间的间隙等。

2）油样分析法。油样分析技术是一种磨损颗粒分析技术，20 世纪 70 年代开始应用于设备运行状态监测与故障诊断，是实现设备故障诊断的重要手段之一。磨损、疲劳和腐蚀是机械零件失效的三种主要形式和原因，而其中磨损失效占60%左右，油样分析方法由于对磨损监测的灵敏性和有效性，因此在机械故障诊断中日益显示其重要地位。它是利用各种常规、简易、精密或综合的油样分析仪器和方法对油样的理化性质，特别是其所含的机械磨损物质以及其他微粒进行定性、定量测量，根据油样中磨损物质的成分、形态、尺寸、数量等来分析设备的磨损部位、磨损类型、磨损过程及磨损程度，从而进行设备的故障诊断和寿命预测。其主要分为磁塞检查法、颗粒计数器法、油样光谱、铁谱分析法四种。其工作流程如图 2-4 所示。

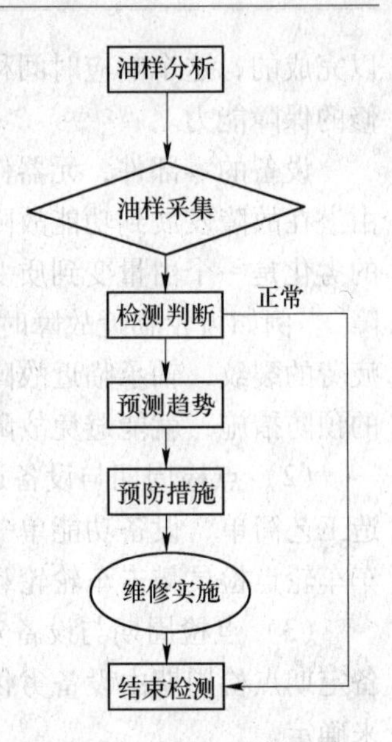

图 2-4　分析油样的步骤

2.2.5　设备诊断技术运用步骤

（1）了解机器的工作原理和运行特性，包括主要零部件的运动方式——旋转运动还是往复运动，机器的运动特性——平稳运动还是冲击性运动，转子运行速度——低速（小于 600r/min）、中速（600 ~ 60000r/min）、高速（大于 60000r/min）、匀速还是变速。机器平时正常运行时及振动测量时的工况参数值如工作压力、流量、转速、温度、电流、电压等。

（2）了解设备结构特点，搞清楚设备的基本组成部分及其连接关系。即三大组成部分：原动机、工作机和传动系统。要分别查明它们的型号、规格、性能参数及连接的形式。特别要求查明各主要零部件（尤其是运动零件）的型号、规格、结构参数及数量等。这些零件包括：轴承类型及型号、齿轮齿数、叶轮叶片数、带轮直径、联轴器形式等。

（3）了解设备主要技术档案资料，如功率、工作转速、临界转速等。还包括设备主要设计参数，质量验收标准和性能指标，出厂检验记录，厂家提供的有关设备常见故障分析处理的资料，以及投产日期、运行记录事故、分析记录、大修记录等。

（4）了解机器的工作条件：载荷性质——均载、变载还是冲击负载；工作介质——有无尘埃、颗粒性杂质或腐蚀性气（液）体；周围环境——有无严重的干扰（或污染）源存在，如振源、热源、粉尘等。

（5）根据相关标准，查得设备基础是刚性基础还是弹性基础，结合振动判断标准，了解设备运行状况。计算出相关部件的特征频率，包括转频、倍频、叶片通过频率、齿轮啮合频率等。

2.2.6　设备定期点检作业流程图

（1）依据“设备点检标准作业指导”组织实施维修项目，明确操作人员责任。

（2）了解设备定期点检的项目、完整检查方法、检查周期和检查时设备的动态情况。

（3）状态检查和检测，做好记录。

（4）将收集到信息与标准值进行比对、分析，判断是否有异常。

（5）实施设备的精度调整，减少有差距的数值，使设备达到与标准匹配的阶段。一般需要制定设备定期点检作业流程，如图 2-5 所示。

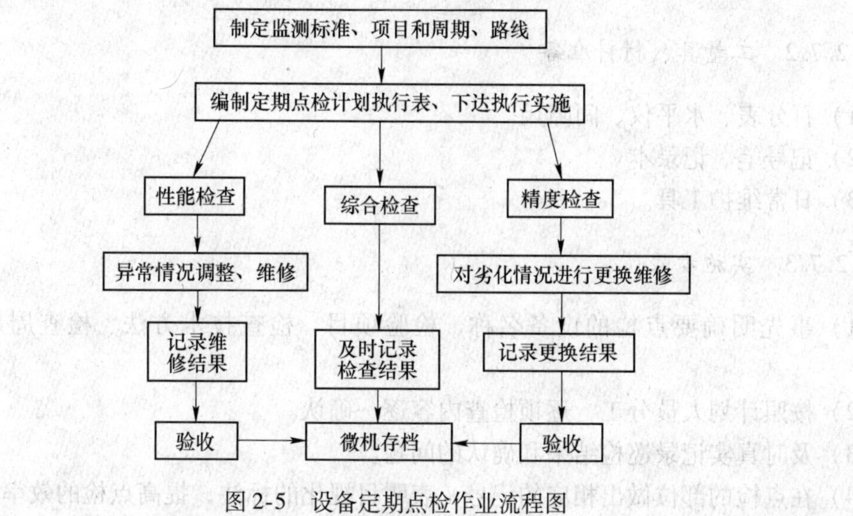

图 2-5　设备定期点检作业流程图

2.2.7　案例分析——机械压力机定期点检作业

2.2.7.1　工作准备

(1) 准备好设备点检作业指导表，见表 2-6，按照表中内容进行工作。
(2) 查阅设备说明书、设备精度数据与前期检查数据等信息。
(3) 学习点检相关知识，熟悉设备结构。
(4) 合理使用检查仪器。

表 2-6　液压压力机点检作业指导表

设备名称	液压压力机	设备编号	A2-ZG-03		
型号规格	YY23-1000T	使用班组			
点检人		点检时间			
分类	点检项目和标准	点检周期/h	责任人	状态 ×停机 ○运转	点检记录
外部	压力机外表无锈蚀、清洁	8	操作人员	×停机	
	清理轨面油污和杂物	8		×停机	
	检查操作仪器齐全	4		×停机	
传动部分	检查系统有无异常	3		○运转	
	调整行程的精度	3		○运转	
	检查有无卡住现象	8		○运转	
精度检查	检查轨道平直度、垂直度	18	维修人员	×停机	
	调整滑块轨道间隙，做好记录	12		×停机	
液压部分	检查油质有无氧化	8		○运转	
	检查油路有无泄漏	8		○运转	
	检查液压元件是否异常	8		○运转	
	检查各润滑点是否正常	8		○运转	

2.2.7.2　工量具、材料准备

(1) 百分表、水平仪、间隙尺。
(2) 记号笔、记录本。
(3) 日常维护工具。

2.2.7.3　实施步骤

(1) 事先明确要点检的设备名称、检验项目、检查技术方法、检查周期、检查的部位。
(2) 按照计划人员分工，逐项检查内容逐一确认。
(3) 及时真实记录巡检结果和确认的问题。
(4) 在点检的部位做出相应的记号，表明目视化的标注，提高点检的效率。
(5) 将检查出的问题向上级管理部门反映，提出相应的改进措施。

【参考资料】

设备管理、规范化的设备点检体系。

【想做一体】

(1) 机械设备点检的工作内容有哪些？
(2) 设备定期点检的手段和方法有哪些？
(3) 设备诊断技术常用的方法有哪些？
(4) 诊断技术在设备点检中具体步骤有哪些？

任务 2.3　合理运用诊断方法提高工作效率

【导言】

企业实施设备点检作业获取故障信息，可有效减少由于故障造成的损失，如果再结合现代管理办法和手段加以分析，依照先前设定好的设备各类标准，做出设备劣化状态的判断，可以为设备维修提供决策依据。因此如何合理运用诊断分析方法提升诊断效率是每个企业实施设备点检工作的核心问题。

【学习目标】

(1) 掌握常用设备诊断分析方法。
(2) 能灵活运用诊断技术进行故障的评估。
(3) 正确使用诊断仪器进行故障诊断。

【工作任务】

能编制液压设备故障的直方图来指导维修具体工作，顺利统计出故障发生的高频率位

置和内容。

【知识准备】

设备点检过程中，不但要对设备进行点检，还要对出现的问题进行及时处理，特别是通过现象，运用诊断方法，快速判断设备劣化状态，预测故障的发生，那么掌握诊断技术和方法是非常重要的，下面首先介绍几种常用的方法。

2.3.1　差异法

差异法就是对现象之间的差异或某一总体内部各单位之间的差异进行分析的方法。它包括两者之间的差异分析和总体内部的差异分析两种。

差异法与平均分析法结合运用可以使我们对事物有更全面的认识。差异法的作用包括以下几点。

（1）可反映现象分布或发展的均衡性、稳定性和节奏性。

（2）可说明平均指标代表性的大小。

（3）可以用来评价两个总体或两个个体之间的差距程度，以说明工作的好坏。

（4）是科学地进行抽样推断、统计预测应考虑的重要因素。

两者之间的差异，即两个总体之间或两个个体之间的差异，用来说明同一现象在不同总体之间或不同个体间的差异状况。一般用正值来表示，计算出来的数值越大，说明其差异越大。

例如，在某轧钢厂加热炉冷却管道巡检时，发现管道上有灰尘，而平常此处是干净的，不应该有灰，这就是差异的具体表现。用铁锹铲除后泄漏点暴露出来，漏出的水分将周围的灰尘聚集起来产生堆积现象。这就是差异法在工作中运用的典型。图 2-6 所示为差异法应用实例。

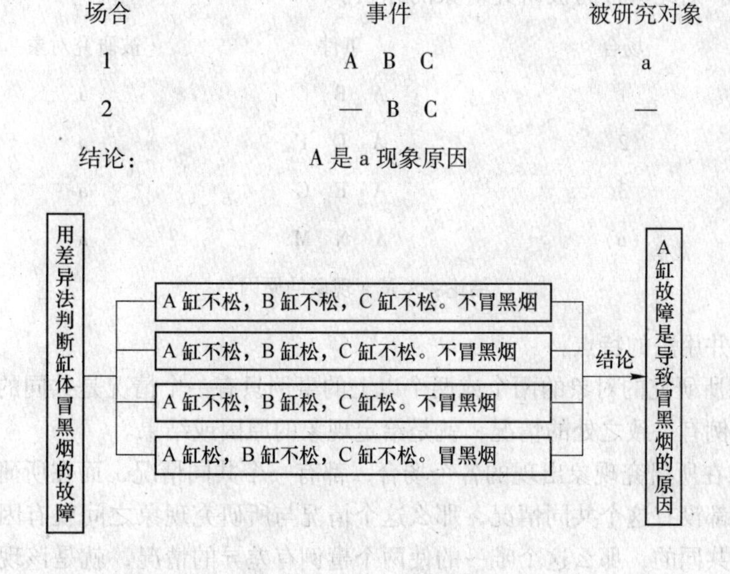

图 2-6　差异法应用实例

2.3.2 契合法

被研究对象出现的若干场合中如果某一个或一组事件屡次出现，那么这个屡次出现的情况或者事件就是被研究对象的原因。从错综复杂的不同场合中，排除不相干的因素，找出共同的因素，确定与被考察现象的因果联系。但运用求同法要注意，各场合中有无其他的共同情况，要确保各场合中的共同情况是唯一的。进行比较的场合越多，结论的可靠性程度就越高。

场合	先续事件	被研究对象
1	A B C	a
2	A D F	a
3	A E G	a

结论：A 事件是 a 现象的原因

如设备滑动表面有划痕，预示表面存在颗粒状的污物，需要及时清扫。轴承外壳有噪声，表明内部存在缺陷，需要更换零部件。因为先出现事故再有对应的对象，能构成“契合”。以前，人们还不知道为什么某些人的甲状腺会肿大，后来人们对甲状腺肿大盛行的地区进行调查和比较时发现，这些地区的人口、气候、风俗等状况各不相同，但有一个共同的情况，即土壤和水流中缺碘，居民的食物和饮水也缺碘。由此作出结论，缺碘是引起甲状腺肿大的原因。

2.3.3 契合差异并用法

被研究现象出现的一组正事例场合中，只有唯一的共同情况，而这唯一共同情况在被研究对象不出现的一组负事例场合中不存在，由此得出这唯一共同情况与被研究现象有因果关系的方法。则此事件为被研究对象的原因。

场合	事件	被研究对象
1	A B C	a
2	A D F	a
3	A E G	a
(n)	A N M	a

结论：A 是 a 现象的原因

契合差异并用法的特点：

(1) 如果所研究的对象的两个或两个以上的事例只有一个情况是共同的，那么这个唯一的使所有事例有一致之处的情况，就是给定现象的原因或结果。

(2) 如果在所研究现象出现的各个场合，都有一个共同情况，而在所研究现象不出现的各个场合，都没有这个共同情况，那么这个情况与所研究现象之间就有因果联系。此外的每个情况是共同的，那么这个唯一的使两个事例有差异的情况，就是该现象的结果或原因，或原因的一个必要部分。

（3）如果现象出现于其中的两个或两个以上的事例只有一个情况是共同的，而现象不出现于其中的两个或两个以上的事例，除没有那个情况外并无任何共同之处，那么这个唯一的使两组事例有差异的情况，就是该现象的结果或原因，或原因的一个必要部分。

（4）从任何现象减去那种由于以前的归纳而得知为某些先行条件的结果的部分，现象的剩余部分就是其余先行条件的结果。

（5）凡是每当另一现象以某种特殊方式发生变化时，以任一方式发生变化的现象，就是另一现象的一个原因或一个结果，或者是由于某种因果事实而与之有联系。

2.3.4　共变法

在被研究对象发生变化的各个场合，是通过考察被研究现象发生变化的若干场合中，确定是否只有一个情况发生相应变化，如果是，那么这个发生了相应变化的情况与被研究现象之间存在因果联系。

能够运用共变法的条件：在结果发生了程度上变化的场合，先行情况中只有一个因素发生了程度上的变化。

要正确运用共变法，必须满足：

（1）分析结果存在的若干场合，确定这些场合中，结果发生了程度上的变化。

（2）分析先行情况中的变化因素和不变因素，确定是否只有一个因素发生了程度上的变化。

场合	先续事件	被研究对象
1	A1　B　C　D	a1
2	A2　B　C　D	a2
3	A3　B　C　D	a3

结论：A 事件是 a 现象的原因

用共变法解决问题，如果只有一种发生变化的先行情况那么这种情况就是该现象的原因。例如，水稻产量提高，其他情况都相同，只有肥料数量增加了，可以认定多施肥是水稻增长的主要原因，共变法得出结论有或然性。

场合	先续事件	被研究对象
1	A1　B　C　D	P1
2	A2　B　C　D	P2
3	A3　B　C　D	P3

结论：A 事件是 P 现象的主要原因

特别是在变化中，它不仅有利于发现现象之间因果联系，还可以进一步研究因果之间数量关系。

例如，某钢铁厂点检员发现 18 架齿轮箱声音异常且振动大，经过 H 面、V 面水平测定值发生逐日增加现象：H 参数 9.8→18.8，V 面参数 18.9→21.8。

可以看出振动现象加剧，根据现象初步检测诊断知轮箱内有松动零部件，通过用音频法监测第三根轴的边频部成分不对称，说明齿轮存在偏心现象，停车打开箱后发现轴承座连接螺栓处断裂处理后仍不好，第二次停车检查发现齿轮箱第三水平轴内部轴承座与箱体连接处开焊，造成第二根轴轴承损坏失效，更换两个零件后分析焊接，运动恢复正常，参数值为 H 参数 6.7→6.9、V 参数 6.9→8.1。

2.3.5　剩余法

对于多个研究对象的情况，若已知一部分对象是某些事件结果，则剩余对象就是剩余事件的结果。对某符合结局事件已知的有关因素，在特定范围内，通过先前归纳又知道 b 说明 B、c 说明 C，那么剩余的 a 必定说明 A。

a、b、c、d 是被研究对象
A、B、C、D 是作用事件
对象 a 是事件 A 的作用结果
对象 b 是事件 B 的作用结果
对象 c 是事件 C 的作用结果
结论：对象 d 是 D 的作用结果

例如，采暖锅炉火检时发现状况较差。火检是亮度和闪烁频率叠加，亮度上足够了，问题就出在频率上，闪烁频率又与探头角度有关，调整探头角度情况确实有变化。

从剩余法的具体应用可以看出，任何现象减去那种由于以前归纳而得知为某些先行条件的结果的部分，现象的剩余部分就是其余先行条件的结果。凡是每当另一现象以某种特殊方式发生变化时，以任一方式发生变化的现象，就是另一现象的另一原因。

场合	先续事件	被研究对象
1	A B C D	p
2	A D E G	P
3	A F Q C	P
1	— B C D	—
2	— D E G	—
3	— F G C	—

结论：A 事件是 P 现象的原因

2.3.6　设备点检中直方图的具体应用

直方图法即频数分布直方图法，它是将收集到的质量数据进行分组整理，绘制成频数分布直方图。用以描述事情分布状态的一种分析方法。通过直方图的观察与分析，可了解设备在工作中哪个因素影响最大，掌握故障类型的分布规律，以便对设备运行状况进行分析判断。同时可通过特征值的分析，估算生产过程易出现的故障点及故障点排除的技术因素。

在设备管理中，通过对收集到的杂乱无序的点检数据进行处理，反映设备故障的分布情况，一般采用直方图的具体形式，预先设定计划值指标数值，按比例记入实绩值，与计划值对比。以看计划与实绩的差距，同时也可以与历史实绩进行对比，看其计划性如何，效率在提高还是下降，找出问题点，进行分析评价。用来监看故障点易发生的情况和部位、来分析采取相应的对策，解决设备故障率。

例如依据连接轴每次出故障记录，如出现问题的时间、现象、原因、部位等数据，绘制出连接轴故障直方图，如图 2-7 所示。

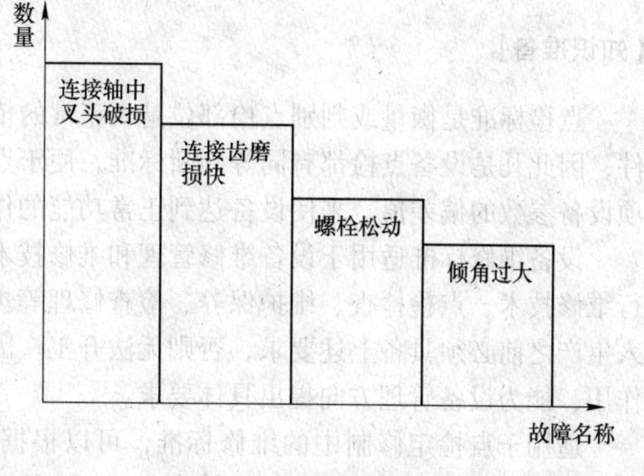

图 2-7　连接轴故障直方图

图 2-7 为点检连接轴容易出现的故障分析图，通过本图每次检查可按照出现的故障率的高低来进行。这样做符合主次分明，具有针对性，能有效地减少点检时间和提高效率，能快速实现故障的定位，依次检查直至完全点检完毕。

设备巡检过程需要处理的问题很多，需要直接有效将最大问题分析出来加以解决，需要点检员优化诊断的过程，提高诊断的工作效率，不断学习掌握现代设备管理方法和手段，合理运用现代检测工具，细心检查、做好记录勤于总结，搞好创新，真正成为设备的好大夫，设备的保养师。

【学习资料】

设备管理工程基础知识、妙用诊断方法。

【想做一体】

（1）你会运用哪些方法或技术对设备故障进行分析？
（2）你能否总结出在设备出现故障时如何处理？

任务 2.4　轧辊轴承点检标准书制定和检测技术应用

【导言】

设备在应用过程中需要制定设备维护标准、点检标准等，以形成标准化作业方法，实施科学化规范化设备管理，提高企业设备管理质量和效率，提高设备的综合效率，同时能制定零部件的点检标准书。

【学习目标】

（1）了解点检制作用，能编制设备点检作业标准书和点检表程序。
（2）熟悉编制点检作业标准书的原则和方法。
（3）熟悉点检编制的原则和方法。
（4）熟悉轧辊轴承常见点检方法和技术。
（5）能编制轧辊轴承座点检作业标准书。

【工作任务】

（1）编制轧辊轴承点检作业标准书。
（2）编制轧辊轴承座点检作业标准书。

【知识准备】

点检标准是衡量或判别点检部位是否正常的依据，也是判别此部位是否劣化的先决条件，因此凡是设备点检都有同等判断标准，便于点检者掌握熟悉以便采取相应对策消除各项设备参数的偏差值，来使设备达到正常功能的作用。

设备维修标准适用于设备维修管理和维修技术管理工作，实施管理的基准是对设备进行维修技术、点检检查、维护保养、检查修理等规范化作业的依据。生产企业的设备在投入生产之前必须具备上述要求，否则无法开工。因此维修标准在点检定修制中具有重要的作用，能为设备管理方向提出具体要求。

适用于点检定修制中的维修标准，可以根据专业、使用条件分为四类：维修技术标准、点检标准、给油脂标准和维修作业标准。这四类的关系如图 2-8 所示。

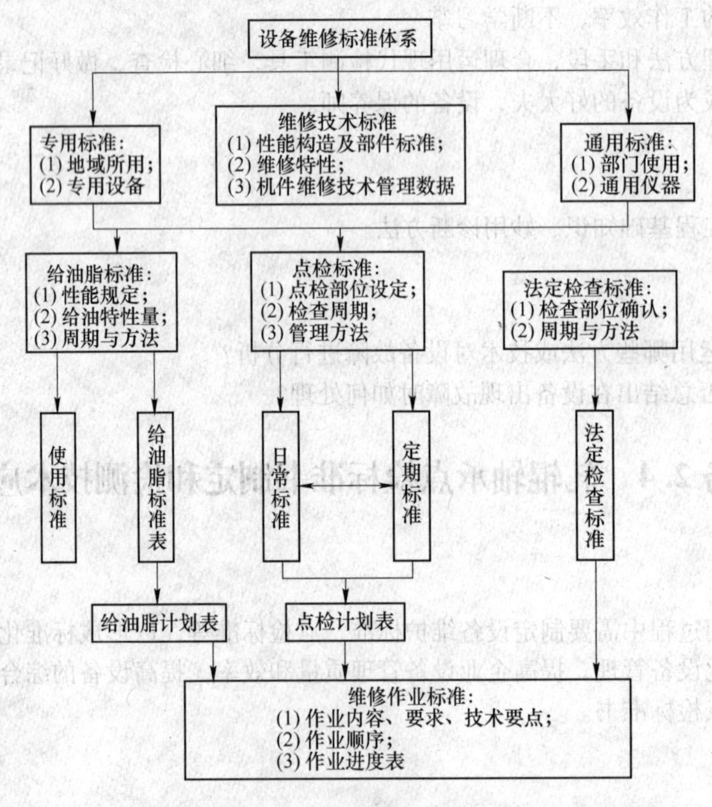

图 2-8 设备维修标准体系

2.4.1 点检制

2.4.1.1 点检制的作用

点检制是按照一定的标准、周期，对设备规定的部位进行检查，以便早期发现设备故障隐患，及时加以修理调整，使设备保持其规定功能的设备管理方法。值得指出的是，设备点检制不仅仅是一种检查方式，而且是一种制度和管理方法。日本企业设备点检有一整套细致、标准的程序。

企业实行以点检制为核心的设备维修模式，使企业设备管理工作实现规范化、制度化、标准化，满足现代生产作业方式对工艺设备的要求，真正做到有效预防事故的发生，提高设备的管理水平，保证生产设备的可靠高效运行，提高企业综合经济效益。其作用体现在以下几个方面。

(1) 可以及时发现设备隐患，有利于及时采取防范措施，防止突发性故障的产生，确保设备正常运转和正常生产。

(2) 设备点检符合预防为主方针，是预防维修的基点，能有效提高设备的完好率。

(3) 操作工人参加设备日常点检，能促进设备工人对设备整体结构、性能的掌握，提高操作者对设备的责任心和保养水平。

(4) 点检是设备运行信息反馈主要渠道之一，是编制设备预修计划和改善措施的依据。通过第一手获取的资料，使设备维修计划符合实际情况，避免许多浪费。

2.4.1.2　编制点检作业标准的原则

(1) 确定检查点。一般将设备的关键部位和薄弱环节作为点检重点。但其与设备结构、工作条件、生产工艺有联系，检查点选择就非常重要，因此需要合理考虑检查点设置问题。

(2) 确定检查项目。确定检查项目就是确定各检查点的作业内容，如各项工艺要求的温度、速度、振动、泄漏等情况。确定检查项目时需要考虑企业实际条件和技术水准，以确实能做好点检各项技术参数为宜。

(3) 制定点检判定标准。根据制造厂家提供的技术要求和实际经验，制定各项技术状态检查判定标准。其标准一定要定量化，有依据有来源。

(4) 确定点检周期。点检周期应根据检查点在保证生产或安全上的作用、工艺特点和设备说明书要求，结合故障点变化的倾向来确定，一般依据是 *P-F* 曲线图确定。如果 *P-F* 间隔是 3.5 月，应留出 0.5 月维修计划期，点检周期确定 3 月即可。

(5) 确定点检方法和条件。其需要根据故障类型来解决，但方法和条件一经确定绝对不能随意更改。

(6) 确定点检人员。所有检查任务必须落实到人，明确各类点检操作者，一般由设备操作者和专职点检员承担。

2.4.1.3　编制设备点检作业标准书和点检表程序

点检标准编制依据是设备使用说明书和有关技术图纸资料、维修技术标准、同类设备的实际资料以及实际经验积累。

编制方法：

(1) 部位与项目。凡 A、B 类设备与 C 类设备的重点部位，即被列为预防性维修检查对象，设备可能发生故障和劣化的地方如滑动部分、运转部分、传动部分、配合部分、摩擦部分、移动部分 6 部分，通常把这些部分的大分类填入“部位”，小分类填入“项目”。

(2) 点检内容。点检十大要素为压力、温度、流量、泄漏、给油脂状况、异音、振动、龟裂（折损）、磨损、松弛，将这些要素作为点检、诊断的内容。

(3) 点检方法。主要是采用视、听、触、摸、嗅五感为基本方法；对有些重要部位需借助于简单仪器、工具来测量，或用专用仪器进行精密点检测量。

(4) 点检标准。分定性标准和定量标准，凡定量标准可参照维修技术标准。

(5) 点检状态。分停止（静态）和运转（动态）两种，通常温度、压力、流量、异音、振动、动作状态等须在运动状况下进行点检。其余则须在停止状态下进行点检。

(6) 点检分工。分操作点检、运行点检、专业点检三种。

(7) 点检周期。点检周期分短周期（一年以下）、长周期（一年以上）。其常用符号：h——时，S——班，d——天，W——周，M——月，Y——年。但点检周期不是一个固定不变的量，它随多种因素的影响而变化。

决定点检周期的因素与前提如下：1）设备作业率—每月生产量；2）使用条件—无误操作情况；3）工作环境—温度、湿度、粉尘；4）润滑状况—润滑方式与状态；5）对生产影响—设备的重要程度；6）使用实际—其他同类厂的使用情况；7）设备制造厂家的推荐值。

点检是一项技术项较强的工作，检哪里、检什么、怎样检、谁来检、何时检、合格与否等，都必须要有一套完整的技术要求。

为此点检标准编制程序首先应依据设备使用说明书和有关图纸技术资料、设备检修技术标准和国内外类似设备资料，取得较好实际经验。其次确定点检编制内容的具体内容，保证点检不漏项，对存在的问题及时发现修订。最后点检需要做好五个方面：(1) 在什么时候发生的；(2) 在什么地方发生的；(3) 什么设备、零件等发生了问题；(4) 什么原因引起的；(5) 什么人在操作或什么人发现的。

点检作业标准书格式和要求应包含具体信息：设备名称、设备编号、编制人、修改人、审核人、批准人、签字栏、文件编码、编号及版本。正文内容包括点检部位、项目、方法、质量标准、点检周期。

点检表编制格式和要求应包含信息：设备名称、编号、编制人、修改人、审核人、审批人、签字栏、文件编码、编号、版本执行人、执行日期、工时定额、实耗工时、执行本程序的注意事项、执行本程序时应携带的工具及备品备件材料、点检结果符号定义等。其正文内容包括点检部位、点检项目、点检方法、质量标准、点检周期、点检记录以及发现设备缺陷和后续处理情况记录、点检作业长签字页。

2.4.1.4 *点检表编制原则和方法*

A *点检表编制原则*

实施点检后要对结果进行记录，并进行反馈监督，编制点检表，因为点检具体工作是按照点检表来进行的。其中点检表中要遵循以下原则：

(1) 定记录。点检信息记录有固定的格式，能提供相应技术信息点。其具体要求是，按照规定格式详细记录，包括检查数据、判定印象处理意见和相应检查时间、检查人员签名。

(2) 定点检业务流程。点检作业和点检结果的处理对策称为点检业务流程，它明确规定点检结果处理程序，急需处理故障隐患点由点检员通知检修人员立即处理，不需要紧急处理事故隐患做好记录纳入计划维修在定修中解决。这样能有效简化维修管理工作，做到应急快速，维修作业快速，方便简洁实用。

B　点检表编制方法

首先编制该设备凭五感检查的内容；其次是编制周期管理项目内容，主要有清扫紧固、调整、解体检查、更换件、循环修配件；再次编制精密点检内容，如测振、探伤等；然后编制点检详细的执行日期；最后编制记录格式内容（设备缺陷处理过程）。

2.4.1.5　点检作业标准书制作步骤

（1）定设备。根据重点项、设备评价以及故障数据分类结果等决定对象设备。

（2）定部位。设备内点检部位，根据故障分类结果和设备运行现状情况及设备说明书等，综合分析确定。

（3）定标准。点检方法判定基准和处理内容。

（4）定周期。确定各点检项目的点检周期。

（5）实践。依据制作出来点检标准书实施点检作业。

（6）确认。点检方法和基准值是否有问题。

（7）处理。针对发生问题进行商量并采取对策。

（8）再确认。关于对策的内容要实施再次点检作业。

（9）再处理。在如果发生问题等情况下，在循环重复顺序。

2.4.1.6　给油脂标准编制

给油脂标准是绝对专用，不具备通用性。首先应由设备技术部门有关工程师制定油脂使用标准，由专职点检工根据设备使用说明书、工作条件和油脂使用标准及自己的工作经验进行编制，由点检作业长审查批准执行。给油脂标准典型内容如下：

（1）润滑油、脂种类；

（2）给油部位；

（3）给油方式；

（4）油量和周期；

（5）给油脂分工。

2.4.1.7　维修作业标准编制

维修作业标准是检修部门从事维修作业的依据和基准，同时又是工艺卡的作用。在标准中规定了维修作业的对象、项目、内容、实施工艺、技术要求、安全技术等。其内容有：作业名称、作业工艺顺序、安全事项及工器具清单。

2.4.2　轧钢机轧辊轴承点检技术

2.4.2.1　滚动轴承的诊断

旋转机械是机械故障诊断的重点，据统计旋转机械的故障有30%是由轴承引起的，它的好坏对机器的工作状况影响很大。轴承的缺陷会导致机器产生异常振动和噪声，甚至会引起设备的损坏，在精密机械中轴承要求则更高。

A　滚动轴承的主要劣化形式和点检

滚动轴承在运转过程中可由于各种原因引起破坏，如装配不当，润滑不良，水分或异物侵入、腐蚀（点蚀）和过载等都可能使轴承过早损坏。即使上述情况都正常，经过一段时间运转，轴承也会出现疲劳剥落和磨损而影响正常的运转。

滚动轴承的点检着重于振动噪声和温度的检查。检测时要注意测试点的选取，检测点应尽量靠近被测轴承的承载区，并应尽量减少中间环节；检测点离轴承外圈的距离越短、越直接越好。正确的检测位置如图2-9所示。

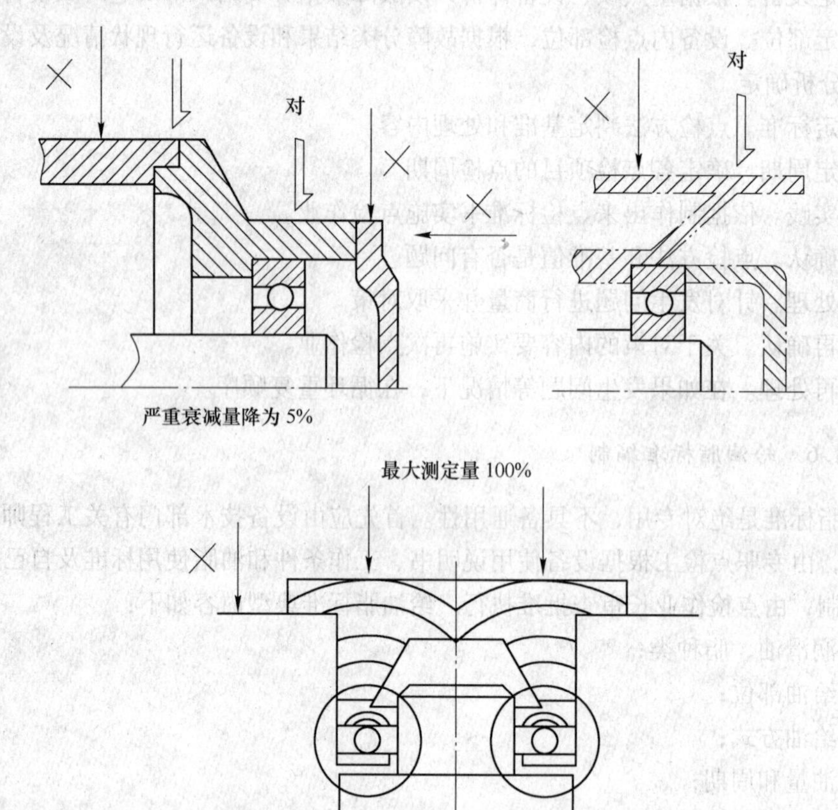

图2-9　探测位置的选择及对灵敏度的影响

因为能引起轴承的劣化的原因很多，所以点检其劣化就需综合有关方面的情报，在进行综合分析后才能做出诊断，滚动轴承劣化的表现形式和点检方法见表2-7。

表2-7　滚动轴承的主要劣化形式和点检方法

主要劣化形式	劣化现象及原因	劣化征兆			点检方法
		振动	噪声	温度	
疲劳剥落	交变载荷，形成裂纹扩展到接触表面层剥落，正常工作下，疲劳剥落是滚动轴承失效的主要原因（也有轴承座与主轴加工及装配不良或轴挠度较大时，短时间产生表面剥离或滚道端面胶着）	◎	◎		解体设备时检查滚动轴承的滚道滚动体上是否有较小的剥落坑，疲劳剥落坑面积为0.5mm²时，轴承寿命终了

续表 2-7

主要劣化形式	劣化现象及原因	劣化征兆			点检方法
		振动	噪声	温度	
磨损	滚道与滚动体相对运动和尘埃异物侵入引起表面磨损，润滑不良会加剧磨损，使轴承游隙增大	○	◎	◎	解体检查设备或打开轴承端盖检查轴承滚道和滚动体表面是否有异常缺陷，并测量轴承间隙，其值原始间隙超过 2～3 倍（新日铁）时或间隙等级降低 1～2 级
塑性变形	过载运转，受过大冲击载荷或因热变形引起额外载荷，或有高硬度异物侵入滚道，压痕引起的冲击载荷能进一步引起附近表面剥落	◎	◎		检查滚动轴承滚道表面是否有凹痕或划痕
锈蚀	水分直接侵入或停转时结露或电流通过油膜引起火花，使表面锈蚀或表面局部熔融，是产生早期剥落原因	◎	◎		检查滚动轴承滚道和滚动体表面是否锈蚀或滚道表面有否形成搓板状的凹凸不平
断裂	过载引起轴承零件破裂，或残余应力，或工作时热应力过大引起轴承零件断裂	○	○		检查轴承内，外圈上的挡边或滚子倒角处有否掉块和裂纹
胶合	润滑不良，高速重载间隙小，由于摩擦生热，极短时间内产生高温，导致轴承零件表面烧伤及胶合	◎	○	◎	属突发性故障，检查轴承表面因高温变色尚未胶合，烧伤时，可以轴承表面硬度为准判断
保持架损坏	装配或使用不当造成，使保持架变形，卡死滚动体，当机械的振动和受冲击作用严重，如在高速下骤然增减和反复换向运转，保持架会损伤	◎	○	◎	检查润滑系统油量，检查轴承装配，振动很大时采用精密诊断

注：◎为主要征兆，○为伴随征兆。

滚动轴承点检时可以采取观测目视方法和听声音的办法来实施，点检轧机中滚动轴承的使用情况，可根据所看到、听到的具体应用来判定。这就需要点检员具有点检技能。

这样的技能由两部分组成：第一部分前兆技术，就是通过设备点检，从稳定中找出不稳定的因素、从正常运转的设备中找出异常的萌芽、发现设备的劣化，并密切跟踪劣化的发展，找出其规律、并做好设备劣化异常的早期发现和早期处理，不让其扩展为设备故障的技术；第二部分是故障的快速处理技术。

这是在设备故障发生后，迅速分析和判断故障发生的部位，制定排除故障的方案并组织实施，尽快排除故障，或采用紧急应变措施，让设备恢复工作，使生产继续进行的技术。这二者是点检员不可缺少的能力，要求点检员在提高自身点检技能的同时，还要求触类旁通，扩展自己的知识面，熟悉相关专业的一些基本技能，以求得“边缘区域前进一步”的实施点检原则能得到切实贯彻。检测滚动轴承劣化的目视条件和听音分别见表 2-8、表 2-9。

表 2-8 检测滚动轴承劣化（目视条件）

项目内容	点检状况	征 兆	注意事项
油标油位	开动中	低于油标下限	通气孔，油管堵塞，注油式油标面有否变动
给油压力	开动中	油泄漏，压力波动异常	确认停止时压力指针为“0”
分配阀动作	动作中 停止中	没有切换动作，指示器不齐全	注意油管泄漏，注意限位螺栓松动行程不足
润滑部位供油量	给油中	油流动量明显减少或不流动	设备启动前首先要检查的项目
直通式滤油器	停止时	有否金属粉末状异物附着	注意滤油器堵塞，从过滤器上的附着物来判定轴承的良好
密封部油的污垢	开动中或停止时	密封部干燥给脂不足，密封部大量油脂排出	油污垢的新旧以粉尘附着状态为判断标准，从油面计或放油孔放油检查
油色的变化	停止时	不同于正常油色，水混入呈乳状	水混入可用分离法、燃烧法检查
轴承箱座涂料变色	开动中	涂料变色	测定轴承温度，调整给油脂量，轴承温度达到120℃材质将变化，影响寿命
设备停转时惯性	运转停止时	掌握惯性回转时间	掌握正常的惯性停止时间、停止状态平衡
轴承振动	运转中	有否轴向位移	轴承振动通常共振等其他原因引起的，需要掌握轴承初期振动值，分别在有负荷和无负荷状态测定，其值大小由振动检测器测定，依靠精密点检仪器获取数据
径向振动	运转中	轴承的接合面和基础支撑面有否振动迹象（振动部接合处有小的油泡发生）	紧固轴承接合部和基础螺栓

表 2-9 检测滚动轴承劣化（听音条件）

项目内容	点检状况	征 兆	注意事项
听音棒检查轴承回转声	运转中	检查异常的冲击声与间隔的接触声、金属不规则声	要充分掌握设备在运转初期的状态，从而判断设备的异常，依靠精密点检注意听诊位置，在混杂的声音中捕捉真实的轴承声响
点检锤检查紧固螺栓	运行中或停止时	紧固时应为高响声和坚固声响	螺栓松动，立即再紧固

B 滚动轴承劣化点检（含精密点检）的常用方法

（1）最原始的轴承劣化诊断是听音棒接触轴承，靠听觉来判断有无劣化。为了提高检测灵敏度可采用电子听诊器。训练有素的点检员能觉察到轴承的疲劳剥落，还能分辨出损伤的部位；这种方法受主观因素的影响较大。

（2）用振动位移、速度或加速度的均方根值或峰值来判断轴承有关劣化。这可以减少对设备点检人员经验的依赖，但仍然难发现早期故障。

（3）用振动脉冲仪（shock pulse meter）检测轴承损伤，长期监测轴承运转。

（4）用机器检测仪（machine checker）可分别在低频、中频、高频段检测轴承的异常。

（5）油膜检查仪，利用超声波或高频电流对轴承的润滑状态进行监视，可探测油膜是否破裂。这样可间接测定金属间是否产生直接接触而增加磨损。

（6）1976～1983 年日本精工（NSK）相继研制了轴承监视仪 NB-1～NB-4 型和用 1～15kHz 范围的轴承振动信号测量其 RMS 值和峰值来检测轴承的故障，由于去掉了低频干扰，灵敏度有所提高。

随着对滚动轴承的动力学、运动学的深入研究，对于轴承振动信号中的频率成分和轴承零件的几何尺寸及缺陷类型之间的关系有了较清楚的了解，加之快速傅里叶变化技术的发展，开创了用频域分析法多种信号进行处理的技术，来检测和诊断轴承的劣化。除了用振动信号检测轴承外，还发展了其他技术，如油污染分析法（光谱测定法、磁性磁屑探测法和铁谱分析法等）、声发射法、声响诊断和电阻法。

滚动轴承更换的标准：保持架变形或损坏；内外滚道磨损，出现点蚀现象；滚动体磨损，出现点蚀或其他缺陷；清洗后用较快的速度转动时，有明显的周期性噪声。

2.4.2.2　滑动轴承诊断

滑动轴承主要是由轴承体、轴瓦或轴套组成。滑动轴承的工作性能主要决定于加工与装配精度。

滑动轴承最理想的情况是在液体摩擦的条件下工作。因为轴与轴承的运转工作表面之间由润滑油层所隔开，使轴与轴承的工作表面几乎没有磨损。因此。理想的工作期限应该是十分长久的。但是由于机器在运转的工作过程中，经常需要停止和开动，使速度发生变化。另外，机器在工作的过程中还会发生振动和载荷变动及其承受冲击载荷等情况，这些都将破坏液体摩擦条件而引起磨损。

滑动轴承因磨损而不能正常工作，一般表现为两种基本形式：一种是由于轴承配合间隙的增加；另一种是轴承的几何形状发生变化。对运转中的滑动轴承的点检，其基本方式方法可参照对滚动轴承的点检，另外对滑动轴承还要加强润滑油方面的点检。仔细观察给油状况、油量、油压、油色及油质等。

A　检测滑动轴承劣化的方法

关于点检测定滑动轴承劣化征兆的方法见表 2-10。

表 2-10　检测滑动轴承劣化的方法

<table>
<tr><th>项目内容</th><th>点检状况</th><th>征　兆</th><th>注 意 事 项</th></tr>
<tr><td rowspan="10">轴承振动检查</td><td rowspan="10">运转中</td><td>轴承接合面和轴与轴承接触面上附着的油或水随振动发生小的油（水）泡</td><td rowspan="10">用手触摸时感觉有较大振动时，需依靠精密点检进行测振。可能是轴瓦磨损和轴颈部磨损与轴弯曲引起振动，同时点检连接螺栓有否松动现象。判定方法：轴承座的涂料破裂，轴承上下瓦接合记号错动，轴承底座都有附着油（水）被振动激起的小泡，螺栓松动、支承不良或轴承磨损或破损造成</td></tr>
<tr><td>螺栓松动</td></tr>
<tr><td>轴承座松动</td></tr>
<tr><td>轴颈处轴瓦过度磨损</td></tr>
<tr><td>润滑油液流失</td></tr>
<tr><td>承受载荷过大</td></tr>
<tr><td>热度过大形成热膨胀</td></tr>
<tr><td>油楔没有形成</td></tr>
<tr><td>轴与轴承座间隙过大</td></tr>
</table>

续表 2-10

项目内容	点检状况	征　兆	注 意 事 项
解点检（点检发现结果异常时，进行分解点检作为定期检查项目）	分解中	轴与轴瓦偏磨损	滑动摩擦时偏斜磨损是造成轴承温度上升和轴承产生振动的原因。找好轴承之间的水平度和同心度，并防止螺栓松动，检查轴瓦端部磨损状况，避免轴瓦发热
		材质变化	
		运转颤动	
		稳定单向过载	
		离心过载	
		循环载荷过载	
		给油口设计不合理	
		接触面过大	滑动轴承的磨损极限在120°接触角的范围内，如果轴承磨损到这一角度，即使提高转速也不能引起油膜，建立液体摩擦条件，这时磨损加剧发展，使轴承报废，每平方厘米接触点不小于2～3点均布
		轴瓦承载过大	
		轴颈与轴瓦磨损大	
		材质选取不当	
		润滑油液没有	
		油膜无法建立	
		顶间隙过大磨损或异常磨损	采用塞尺检测或采用压铅法（$d=0.6\sim1$mm 软铅丝）测量。国内冶金企业设备滑动轴承最大极限间隙值为原始顶间隙的3.5～4倍左右。 新日铁规定的滑动轴承最大极限间隙以油槽深度的60%～70%磨损量为基准。 顶间磨损过大，同时要对润滑状况进行检查
		径向间隙过大	
		径向间隙过小	
	运转时	轴承壳体配合松动。（衬背龟裂，背面微动磨损等）	运转时轴瓦松动，将会使转子的振动振幅增大。轴承壳体与轴瓦配合松动主要是轴承盖与轴承座之间压得不紧。轴瓦与轴承座之间的配合一般采用较小的过盈配合（过盈量0.01～0.5mm）并要求瓦背与轴承间贴严及无轴间窜动
		轴瓦（巴式合金）损坏	损坏形式有：合金松脱、龟裂、磨损、疲劳、腐蚀、气蚀烧伤等。有振动原因造成合金层剥离，合金与轴瓦接合面压紧时有油渗出、发现异状，由精密诊断作确认
振动检查	运转中	振动来势较猛，瞬时间振幅突然升高，并发出强烈的吼叫声	此类振动多发于高速轻轴承。属一种特有的油膜振荡故障，是轴瓦破裂的主要原因。 此类故障将会直接导致机器零部件的损坏。诊断这类故障，需依靠精密诊断，从振动频率是否接近转速频率之半来判断
螺栓松动检查（点检锤）	运转中 停止时	产生空洞声音	螺栓松动或折损产生。螺栓大小打击力发声音感觉不同
轴承温度检查	运转中	温度增高达75℃以上，手指触摸难停3s	润滑不良（油黏度、油质、油量、油温）、轴瓦与轴颈部配合，刮研不好，致使间隙过大或偏小，尤其是瓦边冷却带开得过小，容易产生“夹邦”而使温度过高（通常 $h=2/5\delta$、$S=(10\sim25)\delta$）。轴和轴瓦位置不正确，轴偏斜或轴瓦偏斜。轴的振动过大，轴的轴向间隙不够（特别是高温度工作的机器设备要引以注意）

B　滑动轴承劣化原因分析

现将滑动轴承的劣化或故障的共同原因进行分类整理并给予说明。产生劣化或故障的原因是复杂的，而且其表现形式和产生原因之间也不一定都能一一对应。点检员还需不断通过对实际经验的分析总结，来进一步提高判定能力。

a　局部端面接触

对滑动轴承的运转和维护来讲，一端接触是万恶之源。这主要是由于轴承或轴颈的加工精度、装配精度、轴的刚度不足（弹性变形）、热变形等原因所造成的。因轴承的承载面积相应减小，产生局部过载，以致过载处油膜厚度过小，导致金属之间的直接接触，摩擦增大，出现过热、发生异常磨损，轴瓦在超载和金属摩擦的双重作用之下产生疲劳裂纹与剥落，加快了轴承劣化的速度和故障的发生。

提高轴承压面积的利用率、设法减小变形。提高加工精度、选用易磨合的轴瓦材料，以及提高接触精度等，都是有效防止轴承一端接触的措施。

b　异常磨损

异常磨损是指由于某些预料不到或超越常识的原因，使磨损率超过实用限度的磨损。因为有预料不到的大量尘埃或异物的侵入，因某种原因造成供油量不足；由于加工不良和材料刚性不足而造成的轴承孔和轴颈的失圆，以及装配不良；由于润滑油的变质，可能产生酸性物质，从而造成腐蚀磨损等；这一切都是造成滑动轴承磨损的原因。

c　胶粘

因为润滑油膜变薄而产生固体摩擦，从而发现轻微磨损，随着磨损加剧，摩擦增大，导致磨损也增加，进而发生温度升高使润滑油黏度降低，反过来进一步导致油膜厚度减小，又加剧摩擦与磨损。这样重复的恶性循环，使异常磨损急剧地发展为胶粘。

供油不足、装配不良（局部接触）、低速重载摆动等都会使油膜厚度减小。此外，异物尘埃混入、轴表面粗糙过大，油黏度不够，高温环境运转等无疑都是产生胶粘的原因。

d　微动磨损

微动磨损是由微小行程（几微米至几毫米）的往复摩擦所造成的异常磨损。这种磨损现象往往带有氧化等化学反应，所以也叫微动腐蚀磨损，这种磨损现象一般具有磨粒磨损的性质。滑动轴承在长期使用中，由于配合面发生松弛而可能作微量往复运动，往往产生微动磨损。原装在轴承座内的，附有轴承合金层的薄壁轴承由于过盈配合松弛，以及开式轴承配面的变形等都会发生微动磨损。一旦微动磨损发生，轴承表面将变形，并因背面传热不好而有过热的危险。

预防微动磨损的根本措施是完全抑制微量滑动。在材料选择、精加工、润滑剂选择、表面处理等方面采取一定的措施也能获得一些效果。

e　疲劳裂纹和剥落

这种现象是由于滑动轴承工作时所产生的各种应力重复作用所引起的一种表面疲劳。轴承合金经过长期使用后，往往会因这种疲劳发生剥落（热裂是由于热应力的重复作用而引起的疲劳），发生剥落的原因如下。

（1）重复应力。剥落和疲劳开裂的发生，几乎都是由变载荷或旋转载荷造成的。在重复应力作用下，必须注意由轴承摩擦，特别是边界摩擦所引起的切向力，当这个切向力和法向力组合起来重复作用在轴承表面上时，最容易产生疲劳裂纹。改善润滑条件，以减少切向力和接触应力，可以有效地防止剥落。

（2）与衬背的结合（浇注、压配）。和衬背结合不好（结合牢度差）的轴承合金，在重复载荷的作用下，结合面会过早分离，容易引起表面开裂，进而造成脱壳，此外，存在缩孔、夹渣、组织不均匀等类似的缺陷会增加表面疲劳开裂和脱壳的可能性。

（3）其他。因为在高温下轴承合金的硬度降低，会增加发生疲劳剥落的可能性，所以应选用抗疲劳性能好的材料，并改善供油方法，以降低轴承温度。

（4）腐蚀。轴承合金受腐蚀的主要原因在于润滑油的变质。由于润滑油的过热燃烧，以及变质而产生的有机苯酸，是使润滑油具有腐蚀性的主要原因。

滑动轴承发生故障时，不能仅限于分析发生了故障的轴承，还必须同时研究与其有关的整个润滑系统。

C 轴瓦的维护及对擀瓦现象的防范

对于机械日常维护在某种程度上甚至比出现故障后的维修还要重要。正确认识擀瓦现象的产生原因，针对各种原因采取相应的防范措施，尽量在擀瓦现象产生之前防止故障的出现。为防止轴承合金轴瓦擀瓦，在供油质量有保证前提下要做到：

（1）要保证有充足的供油量，使供油畅通，调整流油指示器，保证有足够的供油量，润滑油才能把热量带走。

（2）要在油泵开关上加延时器，保证适当供油量流到轴瓦上，充分润滑后才能启动主电动机。

（3）轴瓦各部分间隙应按标准留出。因为轴瓦顶隙、侧隙过大，轴转动时易产生振动、发热，使用周期无法保证。轴瓦顶隙、侧隙过小，轴瓦易发热出现擀瓦现象，影响使用寿命，故轴瓦的各部间隙应严格按标准值留出。

（4）因传动中心误差大造成硬抗轴瓦，使轴瓦发烧，可根据情况调整轴瓦瓦座或调整中心加以解决。

（5）在生产中要均衡生产，注意不超载荷运转。

（6）以上措施采取后，设备一旦出现轴瓦温度升高到59～60℃，就说明轴瓦已有问题。这时首先要想到降温，采取吹风，加大供油量以降温；如降温不明显，就要考虑马上停机。决不能强行开车，以防更大的事故发生。

以上措施的正确实施，可以有效地减少设备故障的发生，降低工人的劳动强度，保证生产正常进行。

D 滑动轴承安装技术要求

（1）滑动轴承安装要保证轴颈在轴承孔内转动灵活、准确、平稳。

（2）轴瓦与轴承座孔要修刮贴实，轴瓦剖分面要高出3mm，以便压紧。整式轴瓦压入时要防止偏斜，并用紧定螺钉固定。

（3）注意油路畅通，油路与油槽接通。刮研时油槽两边点子要软，以形成油膜，两端点子均匀，以防止漏油。

（4）注意清洁，修刮调试过程中凡能出现油污的机件，修刮后都要清洗涂油。

（5）轴承使用过程中要经常检查润滑、发热、振动问题。遇有发热（一般在60℃以下为正常）、冒烟、卡死以及异常振动、声响等要及时检查、分析，采取措施。

E　滑动轴承的轴瓦刮研

轴瓦的瓦衬一般都需要进行研刮。轴瓦研刮的目的是为了使瓦衬形成圆的几何形状，使轴瓦与轴劲间存在楔形缝隙，以保证轴颈旋转时，摩擦面间能形成楔形油膜（图 2-10），使轴径上升离开瓦衬，在油膜的浮力作用下运转，以减轻与瓦衬的摩擦，降低其磨损与动力的消耗，轴瓦的检查与研刮可采用着色法或干研法，大型电动机长用干研法。

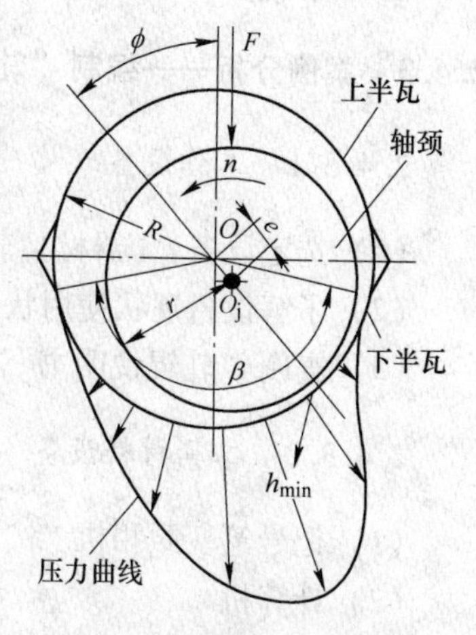

图 2-10　滑动轴承油楔形成示意图

刮研可采用着色法或干研法，用着色法检查时，先清扫轴瓦，检查轴瓦有无脱壳，裂纹，硬点以及密集的砂眼等缺陷。在轴颈上涂一层薄而匀的红丹或铅粉之类的显示剂。注意不要涂的太浓，否则会影响检查工作的准确性。

轴颈涂红丹后，再放到轴瓦的表面上并转动两三圈。这样轴瓦上的凸出处将由涂料显示出来。然后提起转轴，取出轴瓦，检查轴瓦表面上染色点的分布情况。要求在轴瓦中心 60° ~70°夹角内，每平方厘米有 2 ~3 点为合适，不宜过多或过少。若不符合要求，须再进行刮瓦，用三角刮刀先将大点刮碎，密点刮稀。然后沿着一个方向顺次普刮一边，必要时可刮两边。每遍之间刀痕方向应相交形成网络状、鱼鳞状。刮完后用白布蘸酒精或甲苯清洗瓦面等，重复上述步骤，直到符合要求。

F　检查技术方法

（1）压铅丝检测过盈量，调节好过盈量后再压铅丝检测瓦量。或用塞尺检测；根据检测量刮研上下瓦，刮研量各半，刮研过程严格控制刮削量，瓦口处适当放大，刮研要均匀；刮好后统一刮油花。如果刮削水平欠佳，每刮研一次必须上轴研磨，剔除高点，保证 75% 的接触量。

（2）操作步骤：

先对轴瓦进行粗刮，将红丹油均匀地涂在轴瓦上，将轴瓦在轴上沿圆周转动数次，转动角度大于 300°，由于轴瓦制造误差接触点很少，此时可以对轴瓦的全长进行粗刮，这样可以大大提高刮研效率，每刮一次用金相砂纸蘸上机油或煤油轻轻摩擦瓦面，利用刀口尺和手电筒检查轴瓦较大面积的不平处，如此反复待接触面积达到 30% 左右，粗刮完成。然后开始精刮。

精刮是刮研的最主要的工序，主要工具是刮刀，程序与粗刮相同，刮刀头部要在砂轮上磨出一定的弧度，避免刀尖划伤瓦面，在刮铅基合金或别的较软的合金时，刀锋不要过于锋利，用力要均匀，切勿将刀锋裁入瓦面。

每次将轴瓦放在轴上时，用木槌用力敲打，增加轴瓦与轴的贴合，每刮 3 次以后用研磨膏涂一层在轴瓦上在轴上研磨数十下，当接触面达到 75% 左右时，停止使用研磨膏，刮瓦后只用轴瓦在轴上研磨，研磨的次数逐渐增加，直到达到要求，将轴瓦装在轴上，用塞尺测量侧隙，如两边侧隙不对称时，用刮刀修刮侧隙，直到一致。

用不锈钢棒磨出油槽断面形状刮出油槽，整个油槽深度逐渐过渡，上深下浅。去除毛刺，最后将轴瓦四周倒角，倒角尺寸不小于 5 ×30°。将轴瓦清洗干净，在瓦面上涂上润滑油用塑料薄膜盖上，轴瓦刮研工作结束。

2.4.3 案例分析——编制“轧辊机日常点检标准作业辅导书”

2.4.3.1 工作设备

（1）选定设备。（器材）轧辊或轴承。
（2）了解设备现状使用状况。
（3）查阅“轧辊说明书”了解轧辊基本信息与参数。

2.4.3.2 工具材料设备

（1）记号笔、照相机。
（2）计算机。
（3）参考说明书。

2.4.3.3 实施现场

（1）到现场实际观察设备轧辊现状。
（2）对照说明书，熟悉轧辊基本结构。
（3）了解设备使用运行基本情况。
（4）找出轧辊劣化区，做记录并拍摄。
（5）根据轧辊使用运行情况，确定轧辊需要点检的部位内容方法手段和相应工具等。
（6）根据已取得信息，制作初步点检工作标准书。

【参考资料】

规范点检体系、冶金设备、点检员的任务。

【想做一体】

（1）设备点检标准作业书有哪些内容?
（2）编制点检的原则有哪些?
（3）设备点检表的作用是什么?

任务 2.5 轧钢机中有级变速机构的点检技术

【导言】

轧钢机中的有级变速机构主要是指齿轮传动、蜗杆蜗轮、链传动等传动机构，这些机构类型是目前冶金行业常用的机械传动，其故障多少对生产企业影响极大，如何对上述传动类型依据点检标准做好定期检查，是企业必须加以认真考虑的问题。本任务就是综合冶金行业常见的传动故障类型汇编，根据企业设备实际需求研究编制设备状态鉴定方案，是企业设备管理人员的工作内容；同时根据设备适行状态参数准确判断设备技术状态，推进企业设备管理水平。

【学习目标】

（1）掌握轧钢机传动系统中齿轮机构常见缺陷和点检内容。
（2）掌握设备状态分析方法，会选择对轧机齿轮传动的运行状态进行状态监测。
（3）掌握设备各状态参数与设备状态之间的关系。

【工作任务】

（1）分析车间齿轮运行状态，判断其劣化程度。
（2）能根据齿轮状态参数分析设备运行状态。

【知识准备】

目前，用于传递动力与运动的机构中，齿轮减速机的应用非常广泛。齿轮减速机是原动机和工作机之间的独立的闭式传动装置，齿轮传动使用范围广，传动比恒定，效率较高，使用寿命长。但随着现代化机械设备的不断大型化、复杂化，其工作和结构形式更加复杂，经常引发设备故障。在线对齿轮减速机的工况监测与故障诊断技术运用也就显得更加重要。齿轮的失效是诱发机器故障的重要因素，因此开展对齿轮运行状态的在线监测和劣化诊断，对于降低设备维修费用，防止突发性事故的发生都具有现实意义。

齿轮劣化点检诊断方法大体可分为两大类：一类是通过采集齿轮运转中的动态信号（振动和噪声），用信号分析方法进行诊断；另一类是根据摩擦磨损理论，通过润滑油液分析来实现，就是油样铁谱分析法。

齿轮失效的点检诊断，相对来讲是比较困难的。齿轮故障诊断的困难在于振动和噪声信号在传动中所经过的环节较多，干扰较大。信号经齿轮→轴→轴承→轴承座→测点等环节的传递，高频部分在传递过程中基本丧失。由于这一原因，齿轮故障诊断通常还需借助于较为精确的信号分析技术，以达到提高信噪比和有效地提取故障特征的目的。

这一过程很难在简单仪器上实现，所以到目前为止，经常采用的是齿轮振动信号的频谱分析，运用故障诊断分析技术对齿轮齿轮减速机噪声超标的原因进行分析，并结合现场测试数据，分析出齿轮减速机齿轮存在缺陷的主要影响因素，提前预测设备隐患，由此提出相应的解决办法。

2.5.1　常见的齿轮失效形式

齿轮在运转中，其摩擦条件随其啮合形势的不同而异。并由于旋转速度、载荷形式、轮齿的大小、材质和热处理、制造精度和表面光洁度、装配精度等许多因素的影响，加之操作维护润滑管理上的原因，会使齿轮产生各种形式的失效。因而为了查明齿轮的损伤并采取预防措施，需要有丰富的知识和实际经验。

齿轮的损伤究其产生原因大体可分成齿轮本身原因、润滑原因两类。齿轮的主要损伤见表 2-11，其主要损伤形式与发生原因见表 2-12。

表 2-11　齿轮主要损伤形式

类　型	原　因
磨损	正常损伤、轻微损伤、破坏性损伤刮伤、胶合、磨粒磨损、擦伤、腐蚀磨损
表面疲劳	早期点蚀、破坏性点蚀、剥落、表层压碎
塑性流动	碾压与撞击塑性变形、起波、起皱
折断	疲劳折断、过载折断、淬火断裂、磨削断裂

表 2-12　齿轮主要损伤形式与发生原因

损坏形式	原　因	现　象
磨粒磨损及擦伤	润滑油量不足，润滑系统清洗不良而有固体残留物混入，则齿面将发生剧烈的磨粒磨损。另外齿轮材料硬度不足及表面处理不良也易发生磨粒磨损的损伤	在两齿接触面中，因两齿表面的硬度较大而造成硬表面相互配对切削凸体微伤；或者硬的异物混入而切削齿表面，使齿廓显著变型，造成齿侧隙增大。发生磨粒磨损时必定伴有黏附磨损。擦伤是磨粒磨损的一种，但不伴有黏附磨损
胶合及刮伤	齿轮过载，轮齿接触不良，齿顶修正不当，齿型和齿面精度不高，齿轮材料或其组合不当。润滑油种选择不当，润滑不良或供油不足，油温过高，油异物混入等因素，使齿轮在啮合过程中油膜破裂引起金属接触而局部发生黏附，在齿轮旋转时出现沿齿向扩展的激烈刮伤	齿面出现垂直于节圆直径的划痕，通常损伤发生在滑动速度大的齿顶与齿根处。新齿轮跑合不良，常常在齿面某一局部产生这种现象
点蚀及削落	齿轮过载，轮齿接触不良，齿型不良和齿面粗糙度过大，齿轮材料或热处理不良，啮合齿轮材料或热处理不良，啮合齿轮材料的组合不合适。润滑油黏度过小，润滑不良或供油不足，油中油异物混入等因素的存在，齿面上循环变化的接触应力超过齿面的接触疲劳极限时，表面将因材料疲劳产生裂纹，裂纹扩展，表面金属小块剥离形成点蚀，点蚀是由于材料疲劳而发生，剥落往往是由于齿轮材料内部有缺陷和进行齿面热处理时产生大的残余应力所致	齿面首先出现疲劳裂纹，扩展使齿面金属小块剥落形成凹坑（穴）称为点蚀。点蚀从现象上可分为早期点蚀（不发展）和破坏性点蚀（不断扩展）。点蚀扩大，连成一片造成齿轮破坏。剥落是比点蚀大的金属小片从齿面上零星地脱落的疲劳现象。点蚀往往和剥落同时发生
碾压塑性变形	齿轮过载，轮齿接触不良，装配精度不良，材料强度不够，润滑不良等因素，在齿面承受过大的载荷而发生的塑性变形流动，齿面上与沿滑动方向发生变形	齿面塑性变形产生起波（齿面呈鳞状）和起皱（齿面呈筋状）
热裂	齿面精度不足，油的黏度不当，引入齿轮接触面间的润滑不足等，表面硬化的齿面过载，齿面产生裂纹	材料的硬化层上由于摩擦热引起的热冲击裂纹产生的裂纹与滑移方向正交。蜗轮等滑动摩擦速度较大的零件易发生
弯曲疲劳与断齿	齿轮承受载荷，如同承载的悬臂梁，其根部受到脉动循环的弯曲应力作用。当这种周期性循环的用力过大时，会在根部产生裂纹，并逐步延伸扩展，当根部剩余部分无法承担载荷时就会发生断齿	在齿轮啮合传动中，由于严重的冲击和过载，接触面上的过分偏载，以及由于齿轮材质不均都可能引起断齿。对于齿轮的弯曲疲劳，诊断的重点应放在裂纹扩展期

2.5.2　齿侧间隙值及齿工作表面的接触斑点分布情况测定

2.5.2.1　齿侧间隙

齿侧间隙是指一对相互啮合齿轮的非工作表面沿法线方向的距离。其功用是补偿由于装配或制造的不精确，传递载荷时受温度影响的变形和弹性变形。并可在其中储存一定的润滑油，以改善齿表面的摩擦条件并有降低噪声的作用。

齿侧间隙的测量：

（1）压铅法。如图 2-11 所示，在齿宽上放置 1～3 根铅条，铅条长的要以压上三个齿为好。铅条直径（厚度）根据齿轮设计间隙来选定。

压铅后对一个齿来说很明显分成三部分：第一部分是厚度小的工作侧间隙；第二部分为最厚的齿顶间隙；第三部分是非工作侧间隙。齿轮的工作侧和非工作侧的厚度之和即为齿侧间隙，铅条厚度应用千分尺来度量。

（2）塞尺塞入法。对齿轮的啮合间隙采用塞尺测量，其方法比较方便，但所测出的数据不及压铅法精确。

（3）千分表法。这是最精确的测量方法，其方法是先将一个齿轮固定，将另一个齿轮按前后旋转方向摆动。接触在齿廓表面的千分表中可以直接读出侧间隙的值，如图 2-12 所示。由于齿轮的磨损，侧间隙增大，允许的最大极限侧间隙，一般规定为装配时侧间隙的 3～4 倍，超过此极限值齿轮就该更换。

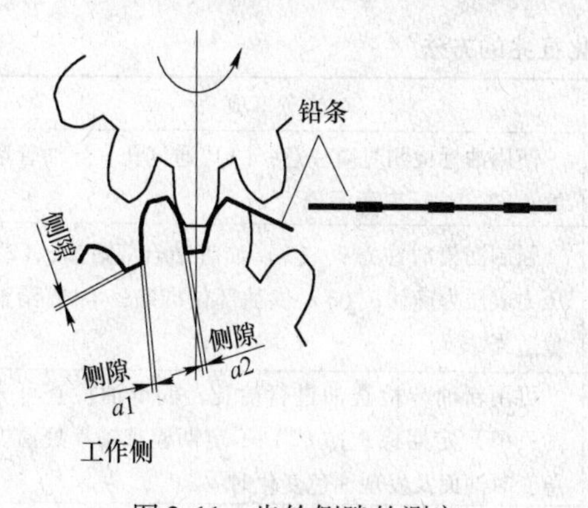

图 2-11　齿轮侧隙的测定

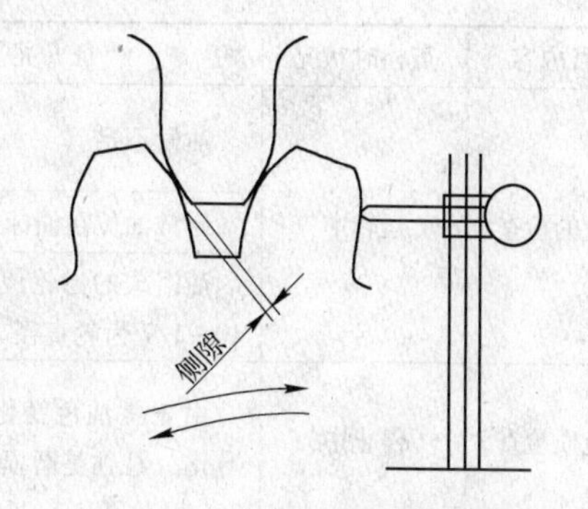

图 2-12　千分表测量侧隙测定

2.5.2.2　接触斑点

齿轮啮合时，齿的工作表面应互相滚压而留下可见的痕迹，通过检查由这些痕迹所显示的接触斑点的分布状况，可以判断齿轮传动的啮合质量。正常啮合的齿轮，接触斑点应均匀分布在齿的工作侧面上，而检查接触斑点则可利用金属光泽或涂色法来进行，如图 2-13 所示。圆柱齿轮的接触斑点由接触面比例大小来决定。

沿齿长：$(1/L)\times100\%$；

沿齿高：$(b/L)\times100\%$。

另外，通过接触斑点的检查，还可判断一对齿轮啮合是否正确，查明齿轮装配缺陷的原因，齿轮正常啮合以及因装配不良所反映出的接触斑点分布情况，如图2-14所示。另外，在对重要齿轮传动机构，设备的齿轮、轴承、箱体（机座）的异音、振动测定点检时最好和电气仪表工一起进行综合诊断。

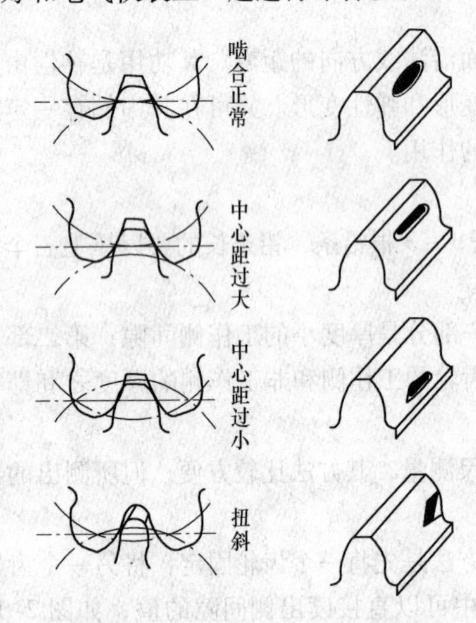

图2-13　接触斑点检测齿轮啮合精度

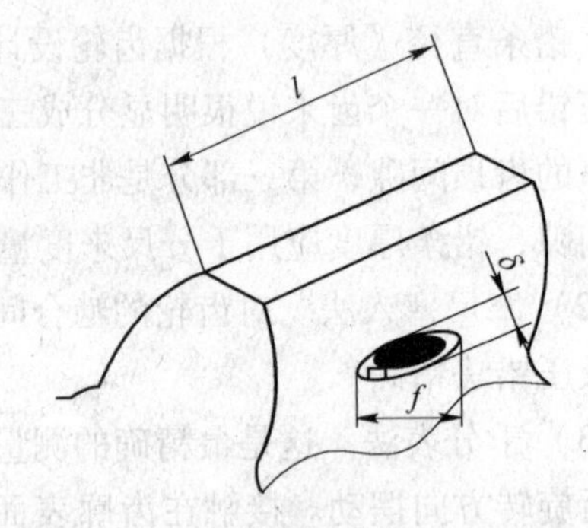

图2-14　标准直齿圆柱齿轮接触斑点

测定齿轮劣化征兆的方法见表2-13。

表2-13　测定齿轮劣化征兆的方法

项目内容	点检时状况	征　兆	注意事项
油量的检查	运转中	油量不足	使用油标检测时应注意：(1) 通气孔、导油管堵塞；(2) 油标表面污染
		通常油位在油标2/3位置	强制润滑时注意：(1) 油管结合部漏油；(2) 压力表压力确认；(3) 供油部位准确；(4) 给油量适当
		油浴式的齿轮侵入油内1/10~1/7齿轮直径	
油色质检查	停止中	由正常油色变化成混浊和乳化（往往是磨损发生）	可用新油与检查油进行对比。润滑油检查可分为：(1) 定期检查；(2) 不定期检查轴承处温度急变时油面及发现油色变化时
振动点检	运转中	各部螺栓松动点检确认	定期取样分析油的劣化状况精密点检，由各部连接螺栓和基础螺栓的松弛来判断振动
		轴的轴向跳动	判定螺栓松动后进行再紧固，轴承间隙调整或更换
		齿轮安装和联轴器的松动（轴承部与减速机体产生振动、并伴有异音）	齿轮和联轴器产生位移窜动
齿轮损伤状态的点检	停止中	齿面接触不良（产生齿顶、齿根、齿单边啮合）； 齿面啮合面损伤； 轴承不良造成齿啮合不良； 给油量不足	打开点检孔注意粉尘、异物侵入，齿面损伤参照齿轮失效形式进行处理。润滑状态检查油量和齿轮齿面上洒油状态，并检查油温齿面啮合面要求，维修技术标准中有明确规定。齿轮油极压性不足易发生齿面刮伤或点动

续表 2-13

项目内容	点检时状况	征　兆	注意事项
齿轮龟裂检查（打开点检孔检查）	停止中	易产生龟裂的部位：齿顶部、齿节圆部、与轴接合部（特别是键）、齿轮轮辐部，同时对减速机的轴承部和基础安装部位承载部位重点检查	慢慢用手盘车使齿轮转动啮合或进行周边检查，仔细点检齿根部周围。焊接制造的齿轮，各焊接焊缝检查，特别是轮辐部与轴接合的键槽部直角处详细检查。同时对运转条件及齿轮材质、热处理进行研究。对减速机体，龟裂容易产生的低速轴侧进行检查
回转声的检查（听音棒）	运转中	发生异常声音增大、混浊噪声、冲击音	充分掌握设备正常动作运转状态的正常回转声； 混杂噪声产生因素很多，如轴承不良、齿轮啮合不良； 各部紧固螺栓松动。重要减速机点检异音可定期用声级仪； 异常噪声增大往往可发现磨损； 润滑油杂质较多； 齿轮啮合部位有损伤，齿轮间隙增大； 轴承间隙大，轴承损坏或磨损严重； 安装误差大，轴与轴之间同轴度误差
温度	运转中或停止中	三个手指触摸接触时间在10s以下	掌握各运转设备的温度特征。测定润滑油温度（检查油面）油温异常依靠精密诊断，往往发生齿轮胶合； 根据设备不同的特性进行详细的分析，掌握减速机体与轴承端盖之间的振动差，振动原因有以下几个方面，凭经验分辨：螺栓松。轴承不良，间隙大。轴磨损，弯曲。齿轮损伤(传动中心偏移，基础不良)； 重要减速机用测振仪或频谱分析点检出油口采取油样，用手或白纸检查油的透明度，发现有异物侵入油中，要进行润滑油更换； 对齿轮和轴承要重点检查，据情决定更换清除磨屑，经常检查油量可预防点蚀发生

2.5.3　齿轮减速机特征频率分析

齿轮减速机特征频率主要包括轴频，齿轮的啮合频率，轴承的内外圈、滚动体、保持架的频率，它们与谐频、边频相结合，成为对齿轮减速机故障判定的依据。这些数据主要是为测定齿轮转动时振动，造成齿轮振动故障的主要原因如下。

(1) 齿轮制造和安装误差引起的故障。齿轮在制造过程中存在误差或由于装配过程中产生的误差，降低了齿轮的啮合精度，导致齿轮的振动和噪声增大，增大了齿轮的故障率，在频谱图上表现为啮合频率及其各次谐波幅值的变化。

(2) 齿轮自身固有运动（工作环境）引起的故障。齿轮在啮合过程中，齿与齿连续冲击使齿轮产生受迫振动，产生噪声，在频谱图上表现为齿轮的啮合频率。

(3) 齿轮表面损伤故障。

1) 齿面磨损。齿轮齿面剥落、拉伤等缺陷发展到一定程度时，齿轮每转一圈就会相互撞击1次，产生明显的冲击现象。每一次撞击相当于一个脉冲激励，脉冲响应函数为齿轮固有的衰减振动，从而构成了周期性较高的冲击振动信号，循环周期就是轴的旋转周期，衰减振动频率就是齿轮的固有频率。

2）齿面点蚀、崩齿。齿轮在啮合过程中，尤其是因为齿轮磨损、齿隙增大时都会产生啮合振动，振动频率为齿轮啮合频率。例如某点出现缺陷（如点蚀、崩齿）时，齿轮啮合过程中产生短期的“加载”、“卸载”效应，产生幅值调整和频率调整信号，其在频域上表现为以啮合频率为中心，以轴的旋转频率为间距的一组谱线，即边频带。

3）轴弯曲。旋转轴当出现重度弯曲时，时域中通常会明显地出现以一定时间为间隔的冲击振动，边带数量多且密集。

4）齿轮转动不平衡。具有不平衡质量，或者偏心的齿轮在转动过程中造成齿轮副的不稳定运行。在该不平衡力矩的激励下，产生以调频为主，调幅为辅的振动，将在啮合频率及其谐波两侧产生边频带，受不平衡力的激励，齿轮轴的旋转频率及其谐波的能量也有相应的增加。

5）齿轮箱内部松动。在转速较低的升速与降速过程中会出现突然随机剧烈声响，在时域图上表现为突然大幅度断续上升，具有较大的随机性。

6）齿轮齿根出现裂纹。时域表现为以齿轮旋转频率为频率的冲击脉冲，其频域特征是在旋转频率处出现谐波。

2.5.4　案例分析

（1）某高速线材机的齿轮减速机在运行点检时发现其振动噪声较大，随之用测振仪测量一段轴的垂直振动值为7.95mm/s，发现齿轮减速机存在较大隐患，需要及时在线做出诊断和制定处理方案。轴和齿轮啮合的特征频率见表2-14。

表2-14　轴和齿轮啮合的特征频率　（Hz）

传动比	各轴旋转频率				啮合频率（水平面/垂直面）		
	Ⅰ	Ⅱ	Ⅲ	Ⅳ	21/66	19/60	21/65
3.143					344.394		
3.158	16.4	5.218	1.652	0.534		99.131	
3.095							34.701

利用综元双通道振动分析仪及振通MCM3.0设备状态监测诊断软件进行测量、分析。

首先，从齿轮减速机的加速度频谱图上发现，除齿轮转频之外还有1个比较明显的频率372.5Hz正好接近齿轮减速机一级啮合频率，且该处边频的频率间隔为3.5Hz，与2啮合频率符合，其测量频率为372.5Hz，说明第一级齿轮与第二级齿轮啮合存在问题。

其次，由于轴弯曲和齿轮本身存在的缺陷和故障均可产生调制现象。图2-15所示为齿轮减速机频谱图。

从图2-15中可看出是以一段轴齿轮的啮合频率和倍频为载波频率，并且二倍频也比较明显，通过对频谱图以及其边频带分析，可知故障主要是由齿形误差引起的，原因是由齿轮安装对中不良或者联轴器安装不同心造成的齿形误差。

为此，利用停机检修时间拆解齿轮减速机，分别对齿轮表面进行清洗检查，未发现点

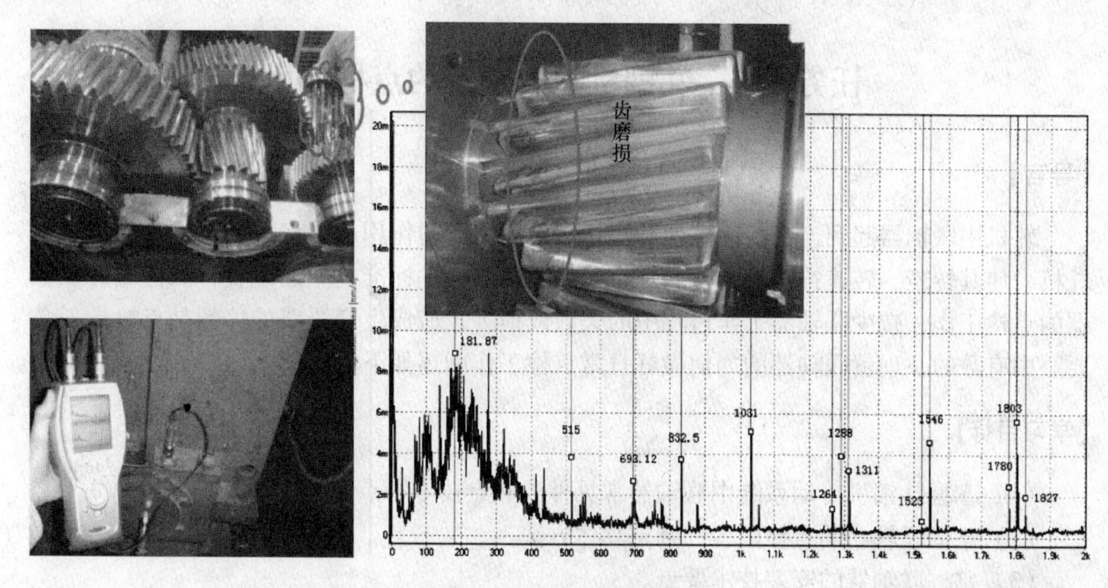

图 2-15　齿轮减速机频谱图

蚀或齿面磨损；检查联轴器对中发现，联轴器对接缝处呈喇叭口形状，正是齿轮减速机频谱异常的原因所在。重新找正电机和齿轮减速机对中后开机运行，噪声降低、振动异常消失、频谱正常。

（2）调制的载波频率有三种：啮合频率及其高次谐波、齿轮谐振频率、箱体谐振频率。

（3）同激励能量有不同的调制振动：

1）故障较轻，如轻微的轴弯曲或面积小、数最少的齿面点蚀，啮合频率为载频，轴频为调制频率；

2）故障较严重、激振能量较大时，齿轮本身的谐振频率为载波频率；

3）故障非常严重、激励能量非常大时，箱体固有频率为载波频率。

（4）不同故障情况下，啮合频率呈现不同的形态：

1）正常齿轮在转动一周内时域平均信号，信号由均匀的啮合频率分量组成；

2）齿轮安装对中不良，啮合频率受幅值调制，调制频率为转频及其低阶谐频；

3）齿面严重磨损，啮合频率严重偏离正弦信号，由于是均匀磨损故振幅起伏不大；

4）齿轮有局部剥落，振幅在某一部位有突跳。

【参考资料】

齿轮精度检测基本知识、齿轮啮合故障检测技术、机械加工对齿轮精度的影响。

【想做一体】

（1）轮啮合常见的故障类型和解决措施有哪些？

（2）齿轮啮合振动检测的技术方法是什么？

（3）齿轮传动点检具体内容是什么？

任务2.6 轧钢机中联轴器的点检技术

【导言】

轧机中联轴器起到连接传递转速和扭矩，承上启下的作用，能将原动机的动力传递给轧机，使其转矩、转速符合要求。轧钢企业中联轴器已是标准类型的配置，如何做好联轴器的点检工作，减少联轴器工作过程中的失效或损害，造成生产线路的停顿是点检员务必要心中有数的，现就联轴器的如何做好日常点检工作阐述如下。

【学习目标】

（1）掌握轧钢机传动系统中联轴器常见种类和点技术特点。
（2）掌握联轴器的点检内容和判定具体方法。
（3）掌握联轴器的安装技术要点。

【工作任务】

（1）分析车间联轴器运行状态，判断其劣化程度。
（2）能根据联轴器状态参数分析设备运行状态。

【知识准备】

2.6.1 联轴器的种类

联轴器是轧钢机的重要部件，工作条件恶劣。联轴器在轧机传动中的应用很多，在轧机的主传动系统中其组成形式为：电动机—联轴器—减速机—联轴器—齿轮座—联轴器—轧机轧辊，这几种形式说明联轴器在工作中的重要性，是不可缺少的零部件。

2.6.1.1 联轴器的种类

轧钢机在目前常用的有万向联轴器、弧型齿联轴器、尼龙棒联轴器、梅花套筒联轴器四种类型，每种类型有不同的应用特点。

（1）万向联轴器用于轧辊调整幅度较大的轧机，其允许最大倾角12°，工作时一般选取6°，其特点为传动平稳、噪声低、使用寿命较高、结构复杂、制造困难、成本较高，换辊时拆装联轴器困难，影响轧机作业率。

（2）在装有滚动轴承的轧机上，通常采用弧型齿联轴器。该联轴器允许最大倾角6°。传动平稳，噪声低，使用寿命一年以上。线材轧机、预应力轧机及无牌坊轧机等多数都采用了这种联轴器。

（3）普通中小型轧机设备比较陈旧，在这些轧机上多采用铸铁梅花套筒联轴器，俗称梅花套筒。该联轴器用灰口铁铸制成，不做机械加工，直接上机使用。倾角限于2°以内。梅花套筒使用到末期，接触间隙增大、磨损加快，传动很不平稳，噪声可达100分贝以上。梅花套筒使用寿命不长，尽管这种联轴器的缺点很多，由于其制造容易、成本很低，拆装方便，适合于普通中小型轧机的装备水平。

2.6.1.2　联轴器的应用

早期采用的多为梅花套筒（即由梅花套筒与梅花轴组成的连接器），靠梅花轴与梅花套筒之间几毫米的间隙来补偿两个连接轴间的径向位移与角位移。其传递运动的精度很低，同时存在很大的传动噪声和冲击。但由于这种联轴器结构简单，制造成本低廉，应用是十分广泛的。

目前在轧钢机中最常用的是十字轴式万向联轴器。十字轴式万向联轴器的主要构件由主、被动叉头与十字包组成，传递动力的中间受力元件为十字轴。对十字轴的装配比较方便，同时为十字轴的尺寸设计提供了较大的选择空间，但由于连接的环节较多，工作中故障率较高，使工作的可靠性受到影响。SWT 型整体叉头十字轴式万向联轴器中的十字轴（十字包）采用无螺栓连接，由于连接环节减少，降低了故障率，工作比较可靠，因此使用较普遍。

2.6.2　联轴器的点检工作

联轴器点检可以在运转状态下、停机状态下、解体状态下进行。

联轴器点检的主要内容包括：运转状态、异音、异常振动、异常温升、润滑状态、螺栓是否松动、联轴器对中的检查、零部件是否劣化等。对于重要的联轴器，还可以进行测振、油品分析、无损探伤等专业精密点检。

联轴器异常振动、异音能反映联轴器的对中状态。对于齿轮联轴器、十字轴式万向联轴器，异音和异常振动还能反映零部件的磨损状态。因此，异音和异常振动是点检必须关注的要点。

A　联轴器的日常点检内容（在轧钢企业采取的点检技术步骤）

（1）运转中，联轴器运转正常否、是否有异音（重点检查支承轴承）。

（2）运转中，联轴器是否有异常振动。

（3）停机检查中螺栓是否有松动、断裂、脱落。

（4）运转中联轴器是否有润滑脂（油）泄漏（轴承、花键副、密封部位）。

（5）重要的联轴器，应定期对润滑脂取样分析并进行叉头的无损探伤。无损探伤可以及时发现叉头的裂纹；油脂分析可以跟踪轴承的磨损情况。

（6）根据振动、异音，进行联轴器对中检查。尽管齿轮联轴器能够补偿轴向和径向的偏差，但是两轴的准确对中有利于延长齿轮联轴器的使用寿命，一般采用激光对中仪来检测。

B　联轴器的维修技术工作

正常工作的齿联轴器，维修期一般在 1 ~ 2 年或随主体设备进行维修，联轴器解体后，应进行彻底清洗检查。重点检查轮齿的磨损和密封圈的老化与磨损，对于重要联轴器还应对其主要零部件进行探伤检查。其一般的技术要求如下。

（1）联轴器的零件不得有影响使用的缺陷。如轮齿发生折断、齿面出现剥落、点蚀或严重磨损、外齿圈的接触面积大于 70% 时，应更换新品备件。对于高速机组上使用的联轴器（转速大于等于 3000r/min），在维修后应进行动平衡试验，确保高速机组转子的稳定性。

（2）十字轴式万向联轴器一般 1 ~2 年或随主体设备进行解体检查。重要的十字轴式万向联轴器解体检查前，应先检查轴承的游隙。十字轴检查要点：

1）圆角部位应进行磁粉探伤或着色探伤，不得有可见裂纹。

2）轴颈表面检查，有无压痕、点蚀、剥落等。

3）轴颈尺寸测量。

4）十字轴总长测量。同时还需要对圆角部位探伤检查、尺寸测量同一根万向轴上的两个十字轴均需检查；同一轴颈应沿长度方面测量 a、b 两处的直径。

（3）叉头检查要点：

1）叉头轴承孔尺寸测量。叉头定位卡簧槽状态检查，是否有损坏。叉头定位卡簧槽宽度测量与对称度检查。法兰叉头圆角部位磁粉或着色探伤检查，不得有可见裂纹。

2）叉头定位、凸肩尺寸测量与对称度检测。法兰叉头与轴承压盖端面齿部位磁粉或着色探伤检查，不得有可见裂纹。轴承压盖外表应力集中区域磁粉或着色探伤检查，不得有可见裂纹。

3）键槽尺寸测量。法兰底部键槽根部磁粉或着色探伤检查，不得有可见裂纹。

4）螺栓螺纹检查，不得有螺纹损坏。螺栓全长磁粉探伤检查，不得有可见裂纹。螺栓弯曲检查，全长挠度小于等于 0.2mm。

（4）叉头检查注意事项：

叉头轴承孔的测量按照要求进行，即沿轴承孔宽度方向测量 2 个截面，每个截面按照“米”字形测 4 个直径。SWP 型叉头的轴承压盖不具有互换性，拆卸前必须作好标记。测量 SWP 型叉头轴承孔直径时，必须先将轴承压盖和法兰叉头完全把合。螺栓紧固力矩不必达到设计的预紧力矩，不影响测量精度即可。

C　联轴器正确润滑与使用

为了延长联轴器的使用寿命，齿轮联轴器以及十字轴式万向联轴器等都需要良好的润滑。

a　润滑油品的选择

一般根据制造厂商的推荐，选定润滑油品。如制造厂商未推荐润滑油脂，则可以根据美国齿轮制造商协会标准《AGMA 9001 联轴器润滑》选定润滑油品。金属膜片联轴器不需要润滑。

（1）对脂润滑联轴器进行了分类，并据此提出了相应的润滑脂规格。Ⅰ类条件下工作的联轴器，采用 CG-1 类型的润滑脂润滑。Ⅱ类条件下工作的联轴器，采用 CG-2 类型的润滑脂润滑。Ⅲ类条件下工作的联轴器，采用 CG-3 类型的润滑脂润滑。具体见表 2-15。

表 2-15　联轴器采用润滑脂的分类

类　型	转速/$r \cdot min^{-1}$	备　注
Ⅰ类（CG-1）	<2000	转速为参考值，须根据实际条件选取
Ⅱ类（CG-2）	≤3600	
Ⅲ类（CG-3）	≥14100	

（2）对于硬齿面联轴器，建议润滑脂最少含 5% 二硫化钼。

（3）某些联轴器制造商推荐使用极压添加剂。

润滑脂必须含有防锈和防磨损的添加剂。润滑脂必须是防水型的和高附着力，水的质量分数小于 0.2%。在正常运转情况下，至少每周加脂一次。

b　轧机主传动联轴器使用润滑油技术要求

（1）润滑油必须含有防锈和防磨损的添加剂，并且水的质量分数必须小于 0.2%。根据转速、密封状态、工作温度以及油脂的品种，一般 1~2 个月应检查并适当补充润滑油。

（2）减摩抗磨，降低摩擦阻力以节约能源，减少磨损以延长机械寿命，提高经济效益。

（3）要求防泄漏、防尘、抗腐蚀、防锈，要求保护摩擦表面不受油变质或外来侵蚀。

（4）具有应力分散缓冲，分散负荷和缓和冲击及减震、动能传递。

D　联轴器安装的基本技术要求

联轴器安装包括轮毂在轴上的安装、两轴的对中和调整以及联轴器自身内部的连接与装配。

联轴器安装的基本技术要求主要有：

（1）必须严格保证两轴同轴度，否则被连接的两轴在运转中将产生附加阻力和增加机械的振动，严重时还会使轴产生变形，以致造成轴和轴承的过早损坏。

（2）装配时应保证连接件均可靠连接，不允许有自动脱落的现象。两轴的准确对中，可使整个运动系统运行平稳，不会产生异常振动、噪声和异常磨损，也不会产生不正常的附加载荷。

E　联轴器的装配

其装配方法主要有压装法、温差装配法和油压装配法。常用的轮毂与轴的连接形式主要有平键连接（包括双键连接）、花键连接、过盈连接等。在冶金设备中，联轴器与轴的连接采用过盈连接。其要求有适当的过盈量、有较高的配合表面精度、有适当的倒角。

装配的技术要求：

（1）装配前要复核零件的尺寸，清洗零件，去除配合面残留的杂质和污物。

（2）采用压装时，配合表面必须用润滑油，压入速度一般为 2~4mm/s，压入过程应连续，压入行程应控制精确。

（3）注意过盈量和形状误差，对于细长的薄壁件要特别注意，装配时最好垂直压入，以防变形。

（4）不论是热装还是冷装，装配大型联轴器时都应制作专用量具。

2.6.3　联轴器的诊断技术应用

2.6.3.1　轴的点检

各类旋转移动设备的零件或部件都是靠轴来带动的，所以轴的质量对确保设备正常运行有很大的影响，对轴的点检检查的一般要求为：

（1）检查装配位置的正确性和轴与配合件间组装位置正确性。水平度、垂直度及同心度应符号技术要求。

（2）轴本身的材质、力学性能应符合技术要求，轴的扭转、弯曲磨损应均在规定值之内。

2.6.3.2　联轴器点检技术应用

联轴器用来连接不同机械的两根轴，通过联轴器可实现二轴间的动力传递。在装配各种联轴器时，总的要求是使连接的两根轴符合规定的同心度，保证他们的轴几何中心线相重合。对联轴器的一般点检方法，同其他回转体的点检相同，主要是进行运转中的异音检查以及停机后的分解点检。对联轴器的五官点检法见表 2-16。

表 2-16　联轴器的五官点检法

项目内容	点检时状况	征　兆	注意事项、原因
接手连接键松动	停止中	轴和接手连接部有锈蚀的粉屑出现，连接键发亮，键槽直角处龟裂	考虑接手轴与轴的装配值和考虑接手内孔的同心度，注意键的松动和键的沟槽磨损。装配应力过大，为防止半接手因裂纹扩大造成破坏，需更换
接手外部检查	运转中 停止中	振动	接手连接螺栓松动，注意防松装置点检。链齿接手、链齿磨损定期作开放点检（磨损大，会出现异音）轮胎橡胶接手长期使用老化而破损，按标准检查接手不同轴度（一般接手为 0.1mm，轮胎接手为 0.5% D，D 为接轴直径）
	停止启动时（负荷变动时）	驱动轴与转动轴有一个转速差	链齿接手、链齿磨损定期做开放点检。转速差在瞬间确认，要注意仔细观察启动瞬间
接手密封装置点检（给油状态）	停止中	接手内腔无油，接手内部发生锈蚀，接手外周有沾尘油污	密封热料（“○”型圈，填料等）破损或安装不佳。给油不足
接手轴向窜动	运转中	轴向窜动量增大	链、齿式接手磨损（开放点检）
接手螺栓点检	停止中	点检锤敲击发出迟钝声音，发现敲击时螺母或螺母垫圈有移动痕迹	往复启动，设备承受冲击载荷等更需要注意点检。接手装螺栓有一根松弛、脱落，要对螺栓与孔径的配合值作出良好与否的判断
接手本体点检	停止中 运转中	用手左右搬动接手，晃动量大（或用工具管钳等转动主动轴），有异音	链、齿式接手磨损量测量（开放点检），弹性接手的橡胶圈或孔径磨损，掌握运转正常时的声音。螺栓松动或接手连接件磨损

联轴器所连接的两根轴的同心度的高低反映了装配精度，同心度的偏差不仅会造成联轴节内连接件的异常磨损，更是设备产生振动和引起故障的重要原因。联轴器不对中的情况有两大类：平行不对中和角度不对中。当然实际情况可能是这两种不对中的都存在。联轴器不对中所引起的故障其主要特征表现在下列几个方面：

（1）由于不对中，联轴器两侧轴承的支承负荷将有较大的变化。因此，不对中所出现的最大振动，往往表现在紧靠联轴节两端的轴承上。

（2）不对中所引起的振动幅值与设备负荷有关，它随着负荷的加大而增大。位置低的轴承的振幅比位置高的轴承振幅大。

（3）平行不对中主要引起径向振动，如果轴承座架在水平和垂直方向上的刚度基本相等，由在轴承两个方向上进行振动测量，显示振幅大的方向就是不对中方向。当然，在两个方向上刚度不相同时，则振幅大小所反映的不对中方向就要经过计算或测量来确定。角度不对中时，主要是引起轴向振动。对于刚性联轴器，轴向振幅要大于径向振幅。

【参考资料】

联轴器基本知识、联轴器润滑油液选取、设备点检知识。

【想做一体】

（1）设备中联轴器点检内容如何确定?
（2）联轴器检测的技术要求是什么?
（3）联轴器在轧钢机系统中的具体位置和作用是什么?
（4）联轴器的安装技术要求有哪些?

任务 2.7 液压装置的诊断技术

【导言】

随着技术的发展，冶金设备中应用液压技术越来越广泛，在成套引进的设备中，采用液压传动与控制的装备所占有的比例也日趋增高。液压技术的应用极大地提高了设备的生产率，一个液压系统工作是否能够正常工作，关键取决于压力和流量是否处于正常的工作状态、系统温度和执行器速度等参数是否正常。

在冶金行业对液压设备的维护提出新的要求，由于这方面人才的匮乏，管理水平不高等原因，液压维护整体水平比较低，与国外先进水平也有较大差距，生产出现液压事故较为频繁，根据冶金企业统计，影响生产的设备事故中80%是液压事故，加强液压维护是冶金液压行业不可忽视的，也是新时期设备管理的要求。

【学习目标】

（1）学习液压基本知识和液压传动系统。
（2）掌握液压设备安全评价标准。
（3）能结合实际情况编制液压设备安全操作规程。

【工作任务】

（1）填写相应液压设备点检表。
（2）编写液压设备安全操作规程。

【知识准备】

2.7.1 液压系统的内容

液压系统主要由五部分组成：动力元件、执行元件、控制元件、辅助元件和油液。

2.7.1.1 液压系统故障排除方法

液压系统出现故障时不易找出原因、排查困难。一般采取的方法为排除法、经验法和综合法。维修的一般原则：先排除外围再处理内部，伺服系统先电气后机械、最后是液压。

A 液压系统故障点检排除的五种基本方法

（1）望：看系统的配置是否正常。包括泵、阀、执行元件、工作油液、滤油器、散热器等。

看速度（流量）。

看执行机构运动速度是否有异常现象。

看压力：看液压系统中各测压点的压力值大小及波动。

看油液：观察油液容量是否合适，是否清洁，有无变质，油中是否有泡等。

看泄漏：看液压管道各接头处、阀板结合处、液压缸端盖处、液压泵轴伸出处是否有渗漏、滴漏和油垢现象。

（2）闻：听噪声判断听到的声音是否属于噪声，噪声的源头在哪，是液压泵、马达、阀等液压件还是系统的管路或与元件连接的工作机构。

听冲击声：听系统的冲击声是否属于正常。

听冲击声的时间：液压阀换向时冲击，还是莫名地发声。

听冲击声的规律性：有节奏还是无规律。

听泄漏声：听油路内是否有细微不断的声音。

听敲打声：听液压件运转时是否有敲打声。

听相关人员反映。

（3）摸：摸温升。用手摸运动部件表面，检查是否发热。

摸振动：感觉是否有振动现象。

摸爬行：感觉运动件有无“爬行”现象。

摸松紧程度：检验螺纹连接松紧程度。

摸密封性：对看不到的地方，检查是否有漏油现象。

（4）切：用压力表判断各处的压力值是否正常。泵的吸油、出油，马达的进油、出油，油缸两腔的油压，阀的工作压力、控制压力等；压力是否有波动，波动是否在设计范围内。专用仪器测相关参数，如伺服阀的零漂，油液清洁度等。

（5）嗅：用嗅觉闻一下油液是否发臭，使用时间长，油液会变质，散发臭味怪味。新设备检查加油是否有误操作，防止加错油。闻整个系统是否有异味，出自何处。

B 液压系统故障诊断的一般原则

分析问题是解决问题的前提，正确分析故障是排除故障的前提，液压系统故障大部分并非突然发生，故障发生前总有先兆，如果先兆没有引起注意，当先兆发展到一定程度就会发生故障现象的发生。引起液压系统故障的原因是多种多样的，是有一定的规律可循的。液压系统发生的故障大约90%都是由于工作人员没有按照规定对机械和设备进行必要的保养和检查所致。

为了快速、准确、方便地诊断故障，必须充分认识液压故障的特征和规律，这是故障诊断的基础。

（1）首先判明液压系统的工作条件和外围环境是否正常，首先搞清是设备机械部分或电气控制部分故障，还是液压系统本身的故障，同时查清液压系统的各种条件是否符合正常运行的要求。

（2）区域判断。根据“木桶原理”确定故障现象和特征，确定与该故障有关的区域，逐步缩小发生故障的范围，检测此区域内的元件情况，分析发生原因，最终找出故障的具体所在。

（3）掌握故障种类进行综合分析。根据故障最终的现象，逐步深入找出多种直接的或间接的可能原因，为避免盲目性，必须根据系统基本原理，进行综合分析、逻辑判断，减少怀疑对象，逐步逼近，最终找出故障部位。

（4）故障诊断是建立在运行记录及某些系统参数基础之上的。建立系统运行记录，这是预防、发现和处理故障的科学依据；建立设备运行故障分析表，它是使用经验的高度概括总结，有助于对故障现象迅速做出判断；具备一定的检测手段，可对故障做出准确的定量分析。

（5）验证可能故障原因时，一般从最可能的故障原因或最易检验的地方开始，这样可减少装拆工作量，提高诊断速度。

2.7.1.2　液压传动系统常见的劣化趋势点

要及时发现液压装置的故障并加以及时修复，采取有效的措施使其功能得到保持，判断液压装置的劣化要注意以下几点。

（1）对系统出现噪声、振动、冲击进行检测。

（2）对系统中回转情况、松动情况、油液输出流量、磨耗与破损、油液泄漏（内部、外部）、压力状况（压力表的精度及指针的振摆、压力的调整值）、液压油的状况、各种阀的动作，调整值的变化及调节的检测。

（3）对辅助设备及结构件磨损、变形、破损检测。

（4）对系统机械连接及安装的状态检测。

（5）对液压缸、液压马达的运动状况和输出能力的变化检测。

（6）对泵及原动机的温度的检测。

这些是液压传动系统中常见劣化点的基本形式。

综合判断点检所发现的一切异常现象，对找出故障的根本原因是很有帮助的。故障的种种原因，既复杂又互相联系。而就技术因素进行分析则是找寻故障点的基础的一环。如果从维护管理角度来区分液压系统，以图 2-16 为基准，对构成系统的各个部分进行分析，就可能较容易地找出故障的部位。

另外，据统计，液压装置中 70% 的故障、失效与液压油有关，而其中约 90% 因为油内混有杂质。因此，对液压油必须进行完善的取样检验并判定其优劣就尤为重要。

2.7.2　液压系统点检内容

液压系统在工作中产生故障是难免的，但是一般不会突然发生，因为无论是液压元件磨损、性能下降，还是寿命缩短等，都是一个发展过程并总会出现一些劣化征兆，如温

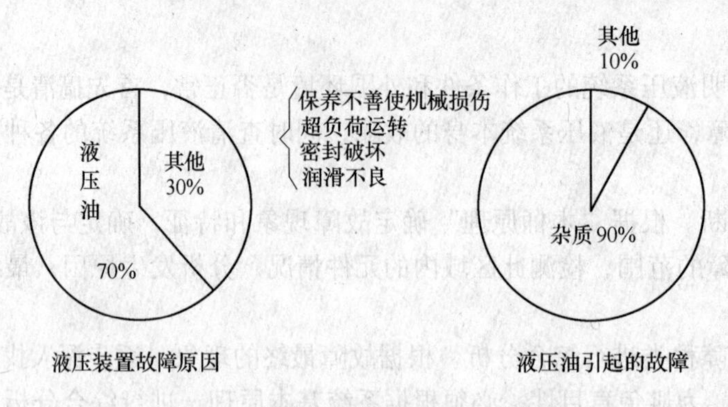

图 2-16　液压油影响系统故障比例图

升、振动、噪声等。待劣化发展到一定程度才能产生故障。点检的目的就是要及时发现这些问题并加以控制或排除。从而防止故障的发生，保证安全生产。

对液压系统劣化程度的判断，用的方法是将点检液压系统所获得的情况与其正常状态进行分析和比较。为了早期发现劣化，点检人员要充分掌握液压系统的正常状态下的各种信息。

2.7.2.1　液压系统故障的检查部位

在运转中，如发现压力表或油缸等执行机构动作部分有异常现象时，首先要查清这是由于调整不良造成的还是液压元件故障。要逐项检查安装状态和调整、设定等是否正确。表 2-17 列出了元件和执行机构的异常现象和要作检查的部位。

表 2-17　液压系统点检内容一览表

序号	名称	点检内容	
		点检机构	执行动作点检
1	执行机构	(1) 往复直线运动（液压缸）； (2) 往复回转运动（液压摆动马达）； (3) 连续回转运动（液压马达）； (4) 机械运动机构	运动是否灵敏、动作是否可靠、有无摩擦声音、电动机工作异常、控制是否有效、有无泄漏
2	控制装置	(1) 各种阀及阀台、阀块； (2) 控制元件	控制压力，油流方向流量、时间、执行多项动作、动作灵活、无卡死动作、无泄漏
3	液压源	(1) 油箱、原动机（其他附属设备）； (2) 油泵、溢流阀； (3) 冷却器、加热器蓄能器； (4) 压力表、温度计； (5) 其他辅助元件	泵工作是否有温升、有无异常声音、各类阀动作是否可靠、压力表是否异常、压力是否异常、有无泄漏
4	配管系统	(1) 管子、连接配件、支架配件； (2) 橡胶软管、塑料管	液压油流是否泄漏
5	液压油	黏度、温度是否合适	油液存在污染现象

在考虑液压系统的故障时，应对刚投入运行的液压装置和使用一年以上的装置分别对待。因为它们产生故障的部位、内容和原因都有所不同。如长期使用的液压装置就没有滑

动部分跑合，使用环境条件适应及回路错误等突发性故障，但是却存在着磨损造成的效率下降，局部的消耗和附着污染物、生锈等问题。

因此，对使用一年以上的液压装置，点检的重点要放在由于性能下降和元件寿命等所引起故障上。

2.7.2.2　寻找故障的顺序

液压装置的故障（包含小的异常现象），可通过油缸等执行机构的工作状态、噪声和异常声音等的变化和观察压力表、温度计等计量仪表来发现。在进行综合检查时，为观察机件的磨损和锈蚀等劣化程度，需将装置进行解体点检。当装置发生异常现象时，应按顺序对系统进行检查，检查顺序通常是从动力发生装置侧开始，而执行机构的检查则排在最后。

2.7.2.3　液压系统点检的内容

（1）各液压阀、液压缸及管接头处是否有外泄漏。
（2）液压泵或电动机运转时是否有异常噪声。
（3）液压缸移动是否正常平稳。
（4）各测压点压力是否在规定范围内。
（5）油温是否在允许范围内。
（6）系统工作时有无高频振动。
（7）换向阀工作是否灵敏可靠。
（8）油箱内油量是否在油标刻度线范围内。
（9）电气行程开关或挡块的位置是否变动。
（10）系统手动或自动工作循环是否有异常现象。
（11）定期从油箱内取样化验，检查油液质量。
（12）定期检查储能器工作性能。
（13）定期检查冷却器和加热器的工作性能。
（14）定期检查和紧固重要部位的螺钉、螺母、管接头和法兰等。检查结果用规定符号记入点检卡，以作为技术资料归档。

2.7.3　液压传动故障实例

热轧压下（AGC）装置是针对轧制力变化实施厚度调节的一种快速精确的调节定位系统。液压压下调节通过控制伺服阀的输入电流，来控制液压油的流量，从而控制液压缸上下移动，达到控制调整辊缝的目的。轧机 AGC 系统如图 2-17 所示。

2.7.3.1　轧机 AGC 缸典型故障举例

AGC 液压缸不动作。某轧机 AGC 液压缸部动作故障出现后，马上检查压力，测验点检查压力过低，现场有液压油流动声音。有两个可能：

（1）伺服阀工作异常或控制信号异常。
（2）安全溢流阀有问题。

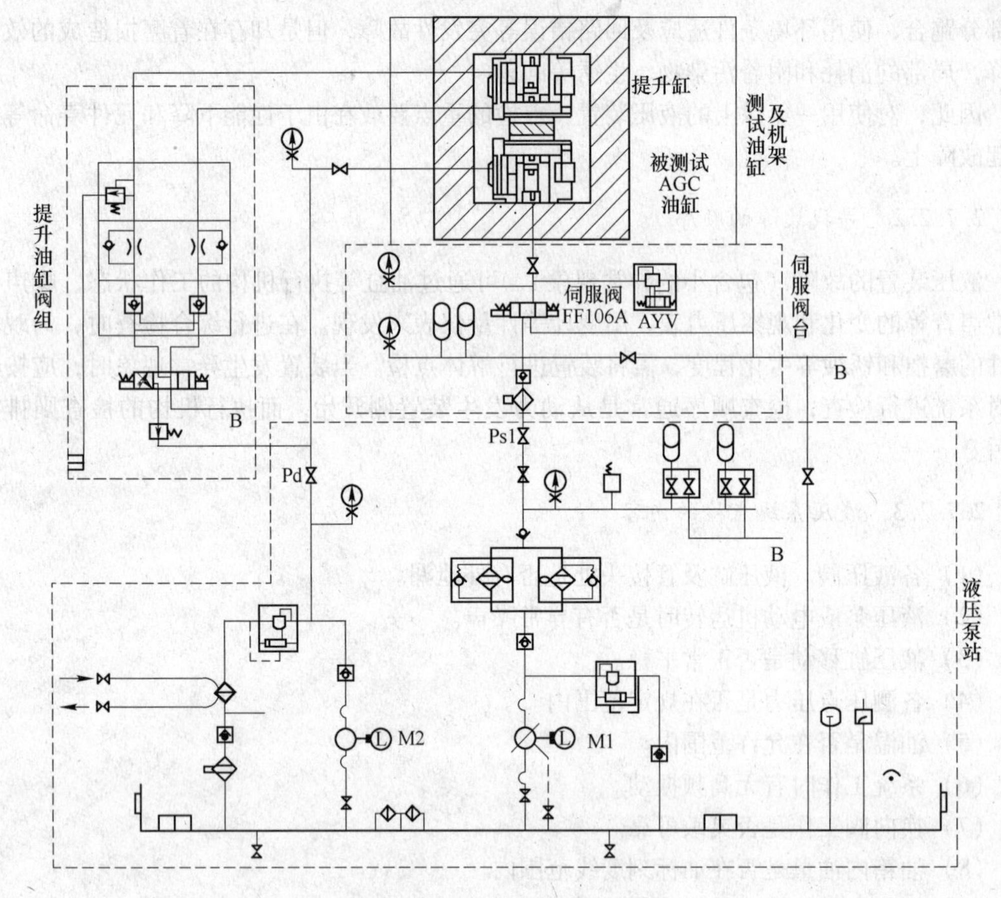

图 2-17　轧机 AGC 系统示意图

考虑到伺服阀有两个，设置一个主工作状态，另一个为辅助工作状态，两个伺服阀同时出现故障可能性很小，先检查溢流阀，更换一个新的溢流阀后系统恢复正常。解体这个溢流阀，发现它的先导阀芯被卡在常开位置，造成系统一直在溢流泄压，所以系统无法动作，这是液压系统污染造成的故障。

AGC 液压控制位置系统是精轧机组液压控制系统的核心，故障引起最终特征量表现在以下几个方面：位置控制精度达不到要求，如某一位置传感器测量值大于极限位，或同一压下油缸位置值超差，或两压下油缸位置在 ΔT 时间内超差；压下油缸压力过高/过低，或压力建立不起来；伺服阀驱动，零偏电流大于正常范围；压下油缸偏向一端，或不受控。

2.7.3.2　轧机液压系统主要故障

新型轧机系统是机、电、液、气、仪一体化的大型复杂系统，其结构与功能的复杂性决定了故障机理的复杂性以及故障诊断的困难度，轧机系统高精度与高可靠性要求使故障诊断任务更加艰巨。这就要求点检员需要长期实践与积累，对新型轧机液压故障的症状、原因，以及故障分析的过程和方法等进行总结与提炼。

AGC 液压系统故障：供油系统压力不足、电磁阀控制功能失灵、液控单向阀阀芯卡死或泄漏、伺服阀故障，零偏电流较大、位移传感器零漂，油缸严重泄漏或卡滞，零偏电流较大油缸压力建立不起、溢流阀卸荷、液控单向阀故障等。

2.7.3.3　轧机及液压装置调整不当或故障引起质量缺陷

轧机及其液压装置调整不当或故障一般表现为压下控制、板形控制、张力控制的异常或失误，主要引起下列质量缺陷：

（1）裂纹。在钢板表面上沿轧制方向呈断断续续排列的不同形状细小裂纹，有发纹状、龟纹状，统称裂纹，轧制时因压下压缩比过小，轧件边部会出现裂纹。

（2）麻点。钢板表面出现不规则的局部或连续的凸凹粗糙面称为麻点，严重的呈橘子皮状。麻点产生原因主要是由于轧辊轧制量过大，使得轧辊表面磨损严重，轧制时板面出现凸麻点。

（3）板形不良。板形不良主要表现在沿着钢带轧制方向呈现高低起伏的波浪形弯曲缺陷。板形不良产生的原因主要是轧辊轧制量过大、压下不合理、段机架压下量过大或过小、轧辊水平度不良、轧辊辊型与板型配合不一致。

（4）边裂。钢板两边沿长度方向的一侧或两侧出现破裂现象称为边裂。边裂产生的主要原因是轧辊辊型与板型不相匹配，带钢延伸不均，或者张力控制不当，轧件在机架间张力过大也会造成边裂出现。

（5）压痕。带钢表面被压成各种开头的凹痕，这种缺陷称为压痕。带钢压痕产生的原因主要是板形控制精度不够，甩尾控制不良所致。

（6）折迭。折迭产生的主要原因是在轧制中因种种原因轧件不均匀变形，出现板形不良现象，在后续机架及卷取机架被压合造成折迭缺陷。

（7）尾部破碎。缺陷特征在卷取卸卷后的钢卷最外圈距头部 2 ~ 3m 内（轧制带钢尾部）钢带出现严重折迭、开裂、破裂，这种缺陷称为尾部破碎。尾部破碎主要是在轧制中，轧件尾部对中性差或跑偏，各机架压下量分配不当和板形不良，引起甩尾现象造成的。

（8）塔形与卷边错动。钢卷两端面不齐，钢带一圈比一圈高出，像塔形的缺陷，称为塔形。钢卷两端面不齐，钢带边部上下错动称卷边错动。塔形与卷边错动产生的主要原因是带钢板形不良，有旁弯。

（9）凸度超差。凸度超差主要表现在钢板中间厚、两边薄。凸度超差产生的主要原因是轧制负荷分配不均，后段机架特别是成品机架负荷过大、弯辊装置在轧制中没投入或选用不当。还有轧辊弹性变形过大、辊型不合理。

（10）楔形超差。楔形超差主要表现在钢板一边厚、一边薄。在从钢板横断面上看，钢板外形类似楔形。楔形超差产生的主要原因是轧辊调平不合理，轧辊磨损严重，轧件跑偏，带坯两侧厚度不均或有镰刀弯，压下调整出错。

（11）厚度超差。厚度超差钢板在纵横断面上的实际厚度超出了有关标准中规定的允许偏差值。厚度超差产生的主要原因是轧辊轴承的椭圆度过大、轧辊磨损严重、轧制速度设定不合理，机架间存在堆拉钢现象，压下设定不良，张力设定不合理，测厚仪、温度计“零点”漂移或因故测量误差过大、自动厚度控制（AGC）系统动作失调。

（12）宽度超差。宽度超差是指钢板或钢卷的实际宽度超出有关标准中规定的允许偏差值。

2.7.3.4 常见液压站点检的技术内容见表2-18。

表2-18 液压站点检的技术内容

序号	班次	点检内容	备注
1	日班	检查油箱内的油量	
2	日班	检查工作压力值，压力表指针有无跳动	
3	日班	检查液压泵和压力控制阀（主要是溢流阀）的振动和噪声	
4	日班	检查油温和液压泵壳体温度，油温在35～55℃为宜，不得超过60℃	
5	日班	液压泵壳体温度可比油温高5～10℃以内	
6	日班	检查油箱、液压泵、阀、液压缸、管接头、压力表连接部分等的漏油情况。保持液压站站体外观清洁，以便观察漏油情况	
7	日班	检查液压缸的运动情况	
8	日班	检查电磁阀上电磁铁的温度	
9	日班	清除油箱、液压元件和运动部件及外罩上的油污和尘埃	
10	日班	紧固所有紧固件，检查和更换明显的已损元件和零件	
11	日班	拆卸清洗滤油器	
12	日班	彻底清扫液压缸和冷却器，使其保持清洁，以发挥其效能	

2.7.4 案例分析——编制“液压传动系统日常点检标准作业指导”

2.7.4.1 工作准备

（1）选定设备。
（2）了解设备运行基本情况。

2.7.4.2 工具、材料准备

（1）照相机。
（2）笔记本。
（3）计算机。
（4）参考资料（相关书、网站、案例）。

2.7.4.3 实施

（1）到轧钢车间现场实际考察液压设备。
（2）对照说明书熟悉设备基本组成和结构。
（3）了解设备运行基本情况。
（4）能找到设备劣化点进行记录和拍摄。
（5）能合理确定液压点检的部位、内容、方法、要求、手段、工具等。
（6）能根据设备运行状态确定液压设备点检周期。
（7）根据测得的点检信息初步编制点检作业书。

2.7.4.4　工作检验

（1）工作质量检验。编制点检表与实际工作现场是否一致。
（2）标准文件形成。经过认可的点检作业标准需要按照企业具体要求形成标准体系。

【参考资料】

液压设备点检知识、轧钢车间液压系统故障检测。

【想做一体】

（1）液压系统点检具体内容有哪些？
（2）液压传动系统点检常见的故障有哪些？
（3）液压系统点检的标准是什么？

情境3 车间级设备管理知识

任务3.1 车间设备运行的管理

【导言】

车间系统是企业系统的子系统，是工段、班组系统的母系统。车间既与企业有紧密联系的一面，又有独立进行管理的一面。车间要分析和掌握各类技术经济指标，要全盘考虑车间生产所需要的人力、物力条件，并把这些资源以有效的方式有机地结合起来，组织车间的生产活动。同时，还要根据工段、班组反馈的信息，及时纠正偏差，改进车间管理工作，建立正常而稳定的生产秩序。所以车间是生产企业的生命环节，它是企业的立足之本。车间生产应做到安全生产，安全操作设备，保障自身和他人的人身安全。

【学习目标】

（1）学习《中华人民共和国安全生产法》和《企业设备管理条例》。
（2）掌握车间设备安全性评价标准。
（3）编写车间设备安全操作规程。

【工作任务】

（1）填写安全记录表。
（2）编写轧钢车间安全操作规程。

【知识准备】

3.1.1 学习《中华人民共和国安全生产法》和《企业设备管理条例》

3.1.1.1 《中华人民共和国安全生产法》

《中华人民共和国安全生产法》是为了加强安全生产监督管理，防止和减少生产安全事故，保障人民群众生命和财产安全，促进经济发展而制定。由中华人民共和国第九届全国人民代表大会常务委员会第二十八次会议于2002年6月29日通过公布，自2002年11月1日起施行。2014年8月31日第十二届全国人民代表大会常务委员会第十次会议通过全国人民代表大会常务委员会关于修改《中华人民共和国安全生产法》的决定，自2014年12月1日起施行。

主要分为总则、生产经营单位的安全生产保障、从业人员的安全生产权利义务、安全生产的监督管理、生产安全事故的应急救援与调查处理、法律责任、附则七个部分。

3.1.1.2　《企业设备管理条例》

《企业设备管理条例》分为总则 、设备使用管理、设备资产管理、设备安全运行、设备节约能源、设备环境保护、设备资源市场、注册设备工程师、法律责任、附则十部分内容。其目的是规范设备管理内容，提高设备管理水平，保证设备安全运行，促进国民经济持续发展。

3.1.1.3　学习冶金设备安全性评价标准

轧钢企业安全生产标准化考评程序、有效期、等级证书和牌匾等按照《冶金企业安全标准化考评办法(试行)》(安监总管一〔2008〕23 号)中第六至十条的有关要求执行。具体标准见附录。

安全性评价标准虽然内容很多，但其作用是非常重要的。

(1) 为设备点检员提供设备巡检、定期点检和操作人员日常点检提供安全标准，为设备管理者提供权威的知识准备和要求。

(2) 明确设备危险源和可能造成的危害，采取有针对性的防范措施和管理制度，为操作规程编制人员、设备、安全管理人员提供规范标准。

(3) 安全性评价标准分门别类对设备评价标准和评价方法做出规定，具有指导意义。

3.1.1.4　明确设备操作人员一般性要求

主要考虑四个方面因素：(1) 有关操作证书；(2) 明确操作设备的危险源和可能造成的伤害；(3) 正确穿戴劳保用品；(4) 人员精神状态。

如某公司对设备操作人员的一般性要求有：

(1) 杜绝操作者在酒后、患病状态上岗操作。

(2) 所有设备必须持证上岗，未获设备操作证书不能操作相应的设备。

(3) 工作前各工种人员必须按照要求穿戴劳动保护用品，严禁违规上岗。

(4) 患有高血压、恐高症、心脏病等疾病人员，不得从事登高作业。

再如某公司对设备操作的一般性要求有：

(1) 使用设备前必须检查设备和附属设备完好性，严禁设备带病工作，发现设备异常，必须立即停止使用，关闭动力源，通知维修。

(2) 严禁超负荷使用设备，严禁在不满足设备使用条件下强行使用。

(3) 工作结束后，必须关闭水、电、气等动力源；并清扫工作现场。

(4) 对于所有设备执行“谁使用谁负责”的原则，使用后按照设备维护保养条例保养。

(5) 多人操作、检修设备时必须统一配合，统一提醒，确保其他操作者安全前提下才允许操作设备。

新工人在工作前，都要进行安全“三级教育”，即厂级、车间级、班组级安全教育和企业文化、产品等职业教育，同时必须通过设备使用技术培训，培训内容一般是根据企业的类型来进行安全生产、设备结构、性能、安全操作规程、维护保养、润滑等相关知识学习和技能训练，经过考核后才能获取证书具备上岗的资格。

3.1.1.5　设备安全操作规程编制内容和要求

设备安全操作规程的主要内容包括如下：

（1）体现设备安全评价标准对该设备的技术要求。

（2）体现对操作者的一般要求。

（3）体现设备操作的一般要求。

（4）一般按照班前、班中、班后三个阶段编写。

（5）标注编制、审核、批准、实施日期等技术环节。

同时还需要在工作过程中定期开展安全教育与培训工作，培养职员遵守安全生产、安全操作设备的良好职业习惯，树立好的意识，确保人、机的安全性。

3.1.2　设备管理指标和编制管理流程图

设备管理的好坏直接影响企业的经济效益，如何管好、用好设备日益重要。其任务是将设备最佳状态和效果突出运用，保证企业生产经营目标的实现，取得最佳社会效果和社会效应。

3.1.2.1　设备管理的意义

（1）技术上先进、经济上合理的装备，保证设备高效率、长周期、安全、经济地运行，保证企业获得最好的经济效益。

（2）设备管理是企业管理的一个重要部分。在企业中设备做到优质、高产、低消耗、低成本，预防各类事故，提高劳动生产率，保证安全生产。

（3）加强设备管理，有利于企业取得良好的经济效果。

（4）加强设备管理，还可对老、旧设备不断进行技术革新和技术改造。

3.1.2.2　设备管理内容体系

设备管理内容体系如图3-1所示。

3.1.2.3　设备管理统计分析工作

《企业设备管理条例》规定企业加强设备管理基础工作，完善凭证管理、数据管理等工作，并定期进行统计分析，作为企业规划决策的依据。其主要任务表现如下：

（1）为设备管理工作提供数据信息资料，为各级领导提供决策依据。

（2）研究生产设备类型、数量、使用程度、以便挖掘设备潜力。

（3）研究生产设备技术素质、故

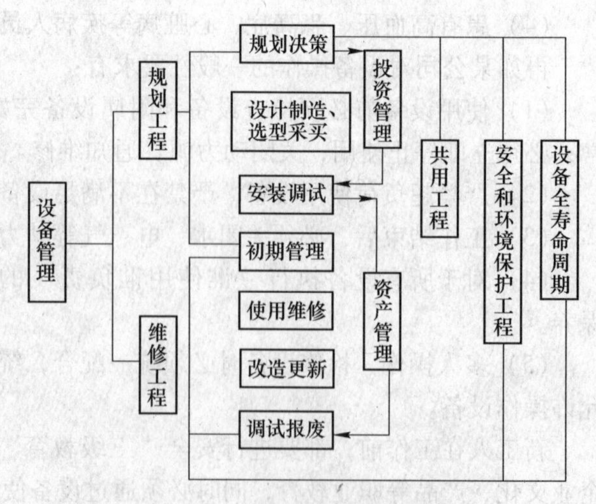

图3-1　设备管理的内容体系

障、维修情况，为编制设备维修计划提供依据。

（4）反映设备维修费用情况和固定资产效益情况，便于实现设备经济管理。

3.1.2.4　设备管理指标体系

我国企业现行设备管理指标体系主要是由技术指标和经济指标两部分组成的。

A　设备技术指标

（1）设备完好指标主要包括设备的完好率、设备泄漏率。

（2）设备利用指标主要有反映设备数量利用指标，设备安装率、利用时间等。

（3）设备精度指标主要是设备精度指数。

（4）设备控制指标主要有设备故障率、停机率、平均故障间隔时间期和事故频率。

（5）设备维修指标包括大修设备返修率、新制备件废品率、一次交验合格率和单位时间停修时间。

（6）设备维修计划完成指标包括设备大修计划完成率、设备大修任务完成率。

（7）更新改造指标包括设备数量更新率、设备资产更新率、设备资产增产率。

（8）备件使用指标包括备件品种适用率、备件数量适用率。

B　经济指标

（1）设备折旧基金指标、设备折旧率。

（2）维修费用指标率包括大修平均成本等。

（3）备品资金指标包括备品资金占有率、周转率、周转天数。

（4）维修定额指标包括工时定额、费用定额、材料消耗定额等。

（5）能源利用指标包括产值耗能率、成本耗能率、单位耗能率等。

（6）设备效益指标率包括设备资产产值率、设备资产利税率等。

C　设备管理考核指标

（1）设备完好率 = 设备完好台数/设备总台数。

（2）可动率：在满足精度要求下，机器设备可开动起来的概率。

（3）设备利用率类：

1）日历时间利用率 = 实际工作时间/日历时间；

2）设备日历台时利用率 = 实际使用台时/日历台时；

3）设备能力利用率 = Σ（报告期产量 × 单位产量所需定额台时）/Σ（报告期产量 × 单位产量所需实际台时）= 生产产品所需定额台时总数/生产产品实际消耗台时总数；

4）设备利用率 = 全年设备实际开动时间/全年日历开动时间。

（4）设备精度指数类主要有：

1）单台设备综合精度指数

$$T = \sqrt{\sum (T_{\mathrm{p}_i}/T_{\mathrm{s}_i})2/n}$$

式中　T_{p_i}——设备实测第 i 项单项精度值；

T_{s_i}——标准规定的第 i 项单项精度值；

n——实测项数。

2）精度劣化速度

$$V_t = (\Delta T_t / T_h) / t$$

式中　$\Delta T_t = T - T_h$；

T——单台设备实测精度指数；

T_h——标准精度指数；

t——设备使用时间。

（5）设备新度系数类：

1）设备役龄新度 = 1 - 役龄/规定寿命年限；

2）设备净新度 = 设备净值/设备原值。

（6）设备有用系数 = （全部设备原值 - 用全部维修费）/设备原值。

（7）设备维护成本及生产损失类指标：

$$单位产品费用率 = V/K$$

式中　V——单位时间内设备维修总费用；

K——单位时间内生产产品的数量。

$$万元产值费用率 = V/H$$

式中　H——单位时间内生产总产值。

（8）设备维修费用率 = 设备维修费用/总产值。

（9）千元产值设备事故损失费 = 设备事故损失费（元）/企业总产值（千元）。

（10）设备事故率 = 设备事故影响生产台数时/设备实际开动台数时。

（11）万元设备固定资产维修费用率 = 全年设备维修费用/全年设备平均原值。

（12）设备损失费用 = 影响生产时数 × 小时计划产量 ×（单位产品价格 - 原材料费用）+ 维修总费用。

（13）设备磨损系数 = 零件实际磨损量/零件规定允许磨损量。

（14）备件资金率 = 全部备件资金/企业设备原值。

（15）维修材料费用比 = 企业年度维修材料费用/企业年度维修费用。

（16）维修费用强度 = 企业年度维修费用/企业年度生产费用。

（17）维修工时费用比 = 企业年度维修工时费用/企业年度维修费用。

（18）设备修理复杂系数：用于指导维修工时、维修价格、维修工作效率的评价。

上述公式可能适应不同的企业、不同的设备类型，可以改进、完善。

D　维修组织管理类指标

（1）主要设备大修理实现率 = 主要设备大修理实际完成台数/主要设备大修理计划台数。

（2）设备维修计划完成率 = 完成维修设备台数/计划维修台数。

（3）备件库存资金周转率 = 月消耗备件费用/全部备件资金。

（4）外委维修费用比 = 企业年度外委维修费用/企业年度维修费用。

（5）维修集中化强度 = 企业维修中心实施的年度维修工时/企业年度总维修工时。

（6）维修计划强度 = 企业年度计划维修费用/企业年空实际维修费用。

（7）维修费用预算偏差度 = （年度实际发生的维修费用 - 预算费用）/预算费用。

（8）计划维修实施率=年度实际完成的计划维修工时/年度计划制定的维修工时。

（9）人均设备固定资产价值=企业设备固定资产价值/企业设备维修人员总数。

（10）维修技术人员比=企业维修技术人员总数/企业维修人员总数。

E　综合评价类指标

（1）设备综合效率=设备时间开动率×性能开动率×合格品率。

（2）设备完全有效生产率=设备利用率×设备综合效率=设备利用率×设备时间开动率×性能开动率×合格品率。

针对设备中管理内容分析，我们应该采取设备管理零不良、零故障、零灾害的状态，但在现实生产中存在六大损失现象，六大损失内容见表3-1。

表3-1　六大损失内容

序号	损失名称	损失内容	目标	备注
1	故障损失	突发性、慢性发生故障引起时间损失	零	
2	准备调整损失	随时准备替换损失，直到合格产品生产出为止	最小化	
3	突然停止损失	临时故障停止的时间损失	零	
4	速度降低损失	设备计划周期与实际周期之差引起时间损失	零	
5	不良修理损失	错误修理而产生的物品损失和工时损失	零	
6	启动损失	从生产到成品过程发生的损失	零	

F　运用管理流程图提高设备效率

（1）流程管理具有目标导向性和绩效导向性，设备管理中应该充分利用管理流程图，满足车间生产需求，能及时将信息反馈，消除人、机、料、法各个环节上浪费，提高工序能力，减少作业量提高设备利用率。

（2）设备流程图绘制遵循企业制定的质量管理体系中的程序文件。

（3）不同部门衔接和配合要有清楚的横向关系描述图。

（4）绘制流程图尽量简单，识读方便有效。

G　绘制流程图方法

（1）选择和确定绘制对象。

（2）收集资料，分列工作步骤，优先考虑工作内容，而不考虑工作由谁来做和具体要求。

（3）加入信息资料的输入和输出，包括信息内部和外部交流。

（4）列入部门按照实际情况将每一处理步骤安排在相应的部门或岗位位置，确定由谁来做。

（5）反复修订和核实草图，应仔细斟酌其中的每一步骤和环节。

（6）加入有关要求或说明，绘制出正式的业务流程图，了解最主要的工作量。

绘制流程图常见符号如图3-2所示，车间设备管理流程如图3-3所示。

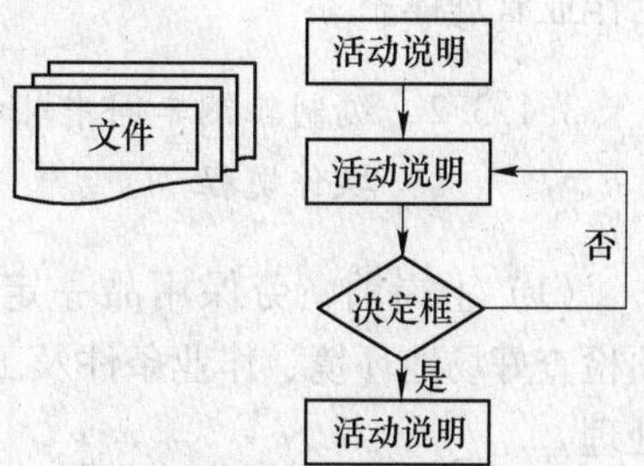

图3-2　基本规定符号

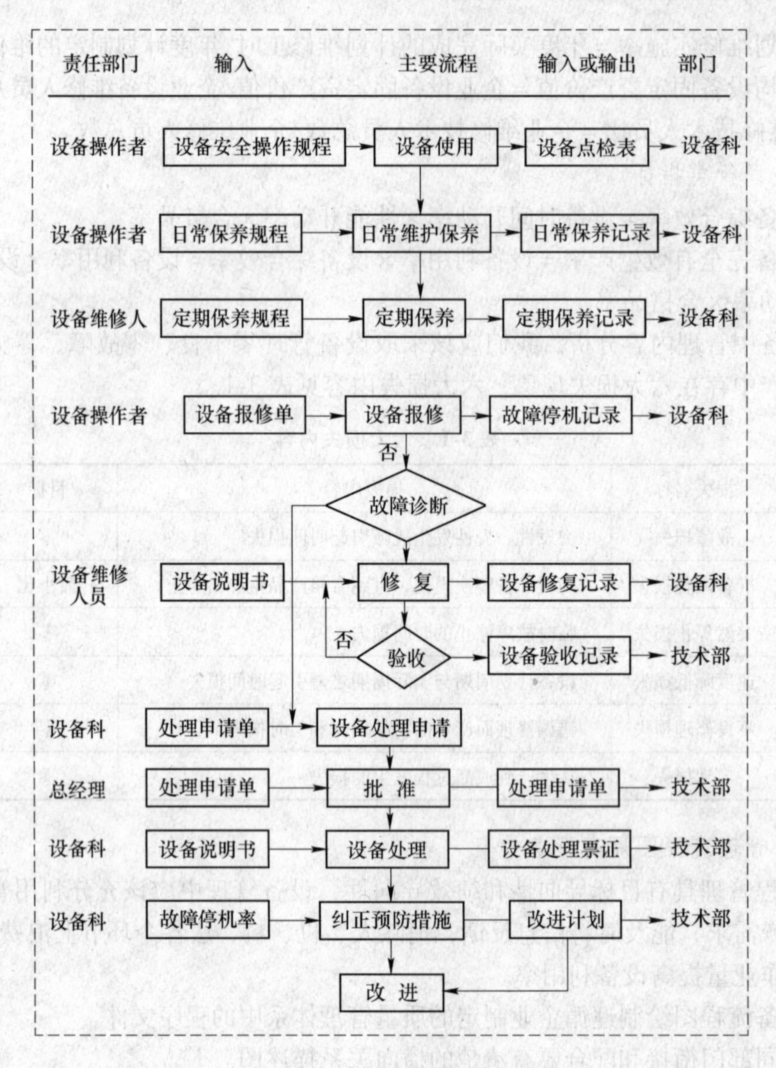

图 3-3　车间设备管理流程

3.1.3　案例分析

3.1.3.1　安全作业的管理体系

图 3-4 所示为海因利斯法则，图 3-5 所示为安全作业管理体系

3.1.3.2　编制轧钢车间中轧机操作点安全操作规程

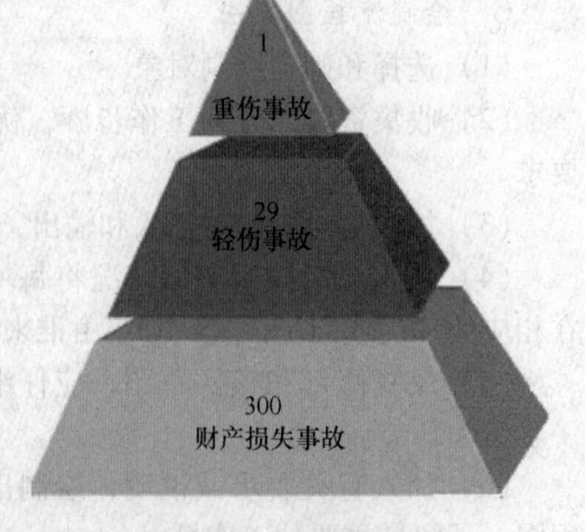

图 3-4　海因利斯法则

（1）上岗前，劳保用品一定要穿戴整齐，必须检查好场地环境、作业条件及工具，有问题及时处理。

（2）吊料时 C 型钩插入最底端，保证吊钩成水平，防止带钢滑落造成人身伤害。

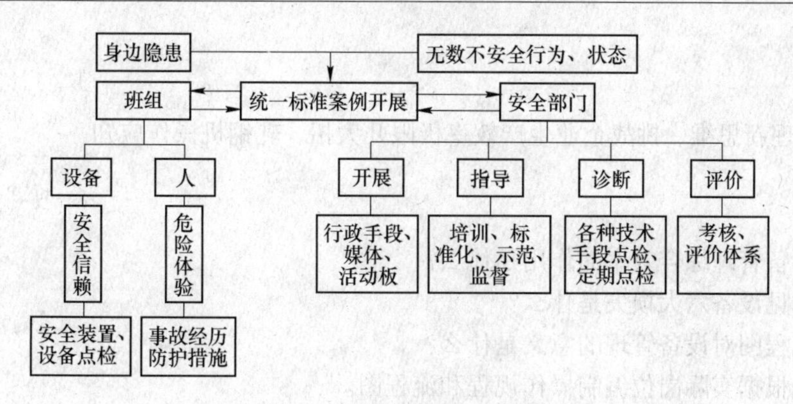

图 3-5　安全作业管理体系

（3）上料时，料卷一定要正对小车中间，轻起轻放，以免造成人身及设备事故。

（4）穿戴过程中，上下操作工要互相打好手势，得到对方认可后方可进行穿戴操作。应用相应工具导料，同时注意避免手掌进入夹送辊缝，以免发生挤伤事故。

（5）轧制时，一定要按轧制规程的要求，对轧制速度、张力及压下进行操作，对酸洗来料未裁净的废边，应用钳子拽掉，严禁直接用手，以防割坏手指。

（6）在轧制过程中，严禁用手直接触摸带钢和各导向辊，以防伤手。

（7）卸料时，板头应留在下侧，用小车托起，捆绑要结实。吊起时，操作人员应站在天车 C 型钩的外侧。

（8）使用液压剪时，手不能扶在剪刀及其剪架上，多人配合使用时，要通知到位，协调好后方可进行剪切，以免发生意外事故。

（9）引带和切下的板头码放整齐，以防划伤外来人员。

（10）各岗位的卫生要搞好，地面残存的污油、污水要清理干净，以防滑倒摔伤。

（11）天车倒运料的过程中，各操作人员严禁站在天车的正下方。指挥天车吊料，操作工通过打手势指挥天车轻吊轻放。扶天车吊钩的手不能放在吊钩内侧，以防挤伤手指。

（12）无证人员不能操作天车，否则后果自负。

（13）机组检修时，应通知操作台按下急停按钮，停、开车同时维修人员密切配合。

工作准备：

（1）认真学习《中华人民共和国安全生产法》、《企业设备管理条例》、《轧机安全性评价体系》。

（2）查阅轧机说明书理解相关的使用要求。

（3）熟悉轧机的整体结构和使用性能。

（4）到现场体会轧机工作点使用情况和工作环境。

（5）熟悉设备操作规程基本要求。

工量具、材料准备：记录本和记号笔。

实施步骤：

（1）综合所收集到的轧钢车间工作信息，进行分析、再开始编写轧钢机操作工作规程初稿。

（2）再三修订初稿，报主审审核。

（3）输入相应的机器中作为资料的存储。

【参考资料】

设备管理新思维、挑战企业生产效率极限几大招、轧钢机操作应知。

【想做一体】

（1）设备管理综合效率的作用是什么?
（2）常见设备六大损失是什么?
（3）流程图对设备管理的意义是什么?
（4）能根据实际岗位编制操作规程和流程图。

任务3.2　车间设备运行状态的技术管理

【导言】

现代设备的制造对生产的连续性、可靠性、自动水平要求越来越高，对设备管理提出新的要求，新型设备监控手段运用越来越多，要能准确把握设备的技术动态，特别是重点、关键的设备，克服先前无法做到的工作。作为技术人员，如何运用相关的知识，编制设备运行状态监控的方案是首要的工作，同时也是设备预防维修计划制定的依据。

【学习目标】

（1）掌握设备状态管理的目的和内容，设备监测种类、方法和运用。
（2）掌握设备状态分析方法，合理确定监控方案。
（3）掌握设备各种状态参数和设备状态间的关系。
（4）会根据设备状态参数分析设备运行状态和变化趋势。

【工作任务】

（1）分析车间设备运行状态判断其劣化程度。
（2）根据设备运行状态参数分析运行情况。

【知识准备】

3.2.1　设备状态管理

3.2.1.1　设备状态管理的概念

设备的状态管理是指在用设备所具有的性能、精度、生产效率、安全、环境保护和能源消耗等的技术状态。

企业设备是为满足某种生产对象的工艺要求或为完成工程项目的预计功能而配备的，设备的技术性能及其状态如何，体现着它在生产经营活动中存在的价值和对生产的保证程度。

设备在使用过程中，由于生产性质、加工对象、工作条件及环境条件等因素对设备的作用，致使设备在设计制造时所确定的工作性能或技术状态将不断降低或劣化。

一般地说，设备在实际使用中经常处于三种技术状态：完好的技术状态；故障状态；设备已出现异常、缺陷，但尚未发生故障状态。为了延缓设备劣化过程的发展，预防和减少故障的发生，使设备处于良好的技术状态，除需具有熟练技术的工人正确操作、合理使用设备外，还要对设备进行清扫、维护、润滑、检查、调整、更换零部件、状态检测和诊断等基础工作，同时还应制定操作规程与管理制度并贯彻执行，做好检查、维修记录，积累各项原始数据，进行统计分析，探索故障的发生规律，以采取有效措施控制故障的发生，保持设备的状态良好。

3.2.1.2　设备技术状态管理

设备技术状态管理就是指通过对在用设备（包括封存设备）的日常检查、定期检查（包括性能和精度检查）、润滑、维护、调整、日常维修、状态监测和诊断等活动所取得的技术状态信息进行统计、整理和分析，及时判断设备的精度、性能、效率等的变化，尽早发现或预测设备的功能失效和故障，适时采取维修或更换对策，以保证设备处于良好技术状态所进行的监督、控制等工作。

3.2.1.3　设备技术状态管理意义和目的

设备技术状态管理是设备管理工作的重要组成部分。设备技术状态的好坏将决定企业生产经营活动能否正常进行。因此，设备技术状态管理的意义和目的在于控制设备技术状态，根据对其检测、诊断的结果，采取预防措施，尽早排除设备存在的隐患和故障征兆，控制和降低设备故障率，使设备经常保持在良好状态，从而降低维修费用，减少停机时间，提高设备有效利用率，保证产品生产的高质量和高效率，保证安全生产，提高企业的经济效益。

由于设备使用期在设备一生中是一个较长的过程，因工作对象、工作环境、工作负荷的不同使设备的磨损程度产生很大的差异。因此设备技术状态管理具有明显的动态特性。这种动态特性决定了它的复杂性、技术性和系统性。

设备技术状态管理不仅为保持正常的生产秩序提供基本保证，并且通过大量生产实际所取得的各种技术、经济信息，为设备全系统管理提供分析、决策的依据。所以设备管理始终是以技术状态管理为主要内容展开的。设备管理水平的高低，也总是以设备技术状态管理为主要内容来体现的。

3.2.1.4　设备技术状态管理内容

（1）建立设备技术状态管理的原始依据。包括设备的能力指标、精度指标和运行特征等原始性能指标，有关技术特性指标，设备技术状态信息特征参数指标等。

（2）制定设备技术状态管理的工作标准。包括设备操作规程、维护保养规程、检修规程及状态检查与监测规程等。

（3）建立设备管理规章制度和工作流程。包括设备维护保养、检查、计划维修、故障管理、重点设备管理等规章制度及考核考查办法，有关基础工作的内容、形式与流程等。

（4）贯彻设备操作规程与维护制度。合理使用设备、正确合理润滑设备、精心维护设备。

(5) 实行设备检查制度。包括全部生产设备及起重设备、动力设备的日常检查、生产重点设备的定期性能检查和精密设备的定期精度检查，掌握设备的技术状态信息。

(6) 定期进行设备完好状态检查，精度检测及特种容器检测等。

(7) 采用诊断技术进行状态检测，及时掌握设备的实际技术状态，为设备的状态维修提供准确信息依据。

(8) 按照设备的检查点和检查路线进行巡回检查，对检查中发现的异常征兆和隐患，要及时排除或进行有计划地维修，以控制和减少故障发生。

(9) 对突发故障（包括事故）按照规定进行分析处理和抢修，并做好记录。

(10) 严格贯彻动力设备的安全运行规程、环境保护法则以及定期预防试验规定。

(11) 搜集各种检查记录资料，日常维修、故障修理及其他修理记录资料，进行统计、整理和分析，探索故障原因与规律，拟定维修对策。

(12) 采取相应的对策和措施，改进设备的技术状态。对标准与制度进行完善，不断提高设备技术状态管理的水平。

3.2.2　设备状态检测的种类

3.2.2.1　设备状态检测类型

常用设备状态检测内容及方法见表3-2。

表3-2　常用设备状态检测内容及方法

检测内容	检测方法	主要用途
主观检测	通过人的感觉器官观察设备现象，以看、听、闻和摸为主检测	松动、泄漏、温升、振动等现象判断设备所处状态
客观状态监测	各种简单工具、复杂仪器对设备的状态进行监测	磨损、变形、间隙、温度、振动、损伤等异常现象的信息
温度检测	接触式测量仪表	比较简单、可靠，测量精度高。不能应用于极端的温度测量
	非接触式仪表测温仪	测温范围广，不受测温上限的限制、反应速度一般快、受到物体发射率、测量距离、烟尘和水汽等外界因素的影响
振动检测	在线振动检测、便携式振动检测、冲击波振动检测、脉冲振动检测、声级器	位移、速度、加速度、应变、应力等，动态特性参数测定包括各阶模态频率、模态阻尼、系统频率响应或脉冲响应等，载荷识别或振动环境
油液分析检测	理化性能分析、红外光谱分析、原子光谱分析、铁谱分析、颗粒计数器	判断机械设备发生异常情况的部位和磨损类型，判断机械设备磨损的总量，判断机械设备磨损的严重程度和磨损类型，判断设备的磨损机理
泄漏检测	气泡检漏、压力变化检漏、卤素检漏、氦质谱检漏、渗透和化学示踪物检漏	主要检测气体、液体的泄漏状态
裂纹检测	色谱分析、光谱分析、热分析	检测压力管道、容器是否有内在的缺陷裂纹

3.2.2.2　设备状态检测管理

（1）引进状态前期论证。其主要工作是统计和分析关键设备部位故障停机引起的损失、故障造成后果、专家论证和技术部门的论证参数对减少故障发生频率的有效性。

（2）专业技术人才的培养。检测人员安装使用设备仪器熟练程度、数据分析和技术分析能力。

（3）监测网络的建立。重点是在线检测技术的应用，对关键设备实现全部监控。

（4）能与维修无缝对接。将检测得到结果和数据分析传达给决策部门，提供可靠数据分析，为预防维修奠定基础。

3.2.2.3　编制冶金设备运行状态监控方案的步骤

A　企业设备监控运行状态参数监控需求调研

根据企业中使用设备类型的不同，采取不同监测设施。对要求保持相对稳定状态参数采取定期检测方案为宜；对设备运行中变化较大对设备正常运行产生较大影响的参数适宜采用在线监测方案。

B　设计设备运行状态监测方案

a　在线实时监测分析

（1）测点布置图。直观显示机组基本结构和概况，查看各探头的实际安装位置及位号，标注机组轴振动、轴位移、转速。并可显示机组相关工艺参数，如润滑油温度、压力、介质流量、轴瓦温度等。

（2）单棒值图。显示实时振动幅值，并可设置预警值、报警值。

（3）多值棒图。依据频谱分析图，显示实时通频及各主要倍频的振动值。

（4）波形频谱图。同时显示各个振动通道的波形和对应的频谱图，波形图显示了各通道所测的振动幅值（总振值）与时间的变化关系。

动不平衡：在一个周期内为典型的正弦波，且振幅较大。

对中不良：在一个周期内波峰翻倍，波形光滑、稳定重复性好。

摩擦：波峰多，波形毛糙、不稳定，或有削波。

自激振动（油膜涡动、旋转失速）：波形杂乱、重复性差、波动性大。

在正常状态下，波形图应为较平滑的正弦波，且重复性好。

（5）轴心轨迹图。显示转子轴心相对于轴承座的运动轨迹。可选择显示原始、提纯、平均、一倍频、二倍频等各种类型轴心轨迹图，重点看提纯轨迹图。在正常情况下，轴心轨迹为椭圆形。若轴心轨迹的形状、大小的重复性好，则表明转子稳定。

对中不良：为香蕉状，严重时为 8 字形；摩擦多处出现锯齿尖角或小环。油膜涡动为大圈套小圈。

（6）极坐标图。以极坐标的形式显示各振动分量的幅值及相位，正常时各个通道的振动值坐标应该集中散布在某一个区域内，散布的区域小说明相位稳定性好，否则说明相位不稳或改变较大，应引起重视。

b　离线分析

（1）数字滤波。低通、高通、带通、带阻滤波。

(2) 波形编辑。选区间切除、置零、积分、微分、趋势项去除，进行波形压缩，去直流，对多个通道信号进行加、减、乘、除运算。

(3) 幅域统计。描述信号的幅域特征参数有最大值、最小值、平均值、有效值、均方值、方差、标准差等值。

(4) 概率密度和概率分布分析、波形分析、利萨如图分析，自动捕捉峰值、谷值，滚动显示，坐标范围任意设定。

(5) FFT 频谱分析。峰值谱、有效值谱、功率谱和功率谱密度，可设定 FFT 分析点数(全程或选段分析)，频谱微积分等。

C　进行设备状态监控可行性论证

逐个分析方案，主要从先进性、性价比、安全可靠性进行认真负责的论证。

3.2.2.4　设备运行状态参数具体作用

对设备运行状态参数测定，可进行参数分析掌握设备运行状态和劣化趋势，及时调整设备状态，这是设备管理的重要内容。设备运行参数与状态之间的关系见表 3-3。

表 3-3　设备运行状态与运行参数之间的关系

检测方法	状态参数变化	设备的运行状态分析
主观检测方法	形状、位置变化	零件失效（磨损、应力过大)、材质变化
	听声音、摸振动	发热、运动碰击、开焊等
	触摸温度	磨损加剧、无润滑油液
	嗅觉	过热烧糊、气体泄漏
温度检测法	温度升高	电机缺相、过载、运动面摩擦
振动检测法	振动量、噪声的大小、频率变化	配合间隙过大、固定配合松动、旋转偏心
油液分析法	残留成分分析、粒度变化	检测出颗粒大小判断出磨损的程度
裂纹检测	渗透液体、气体、超声波异常	容器、管道泄漏或裂伤、零部件有缺陷

轧机电机发热状态分析如图 3-6 所示。

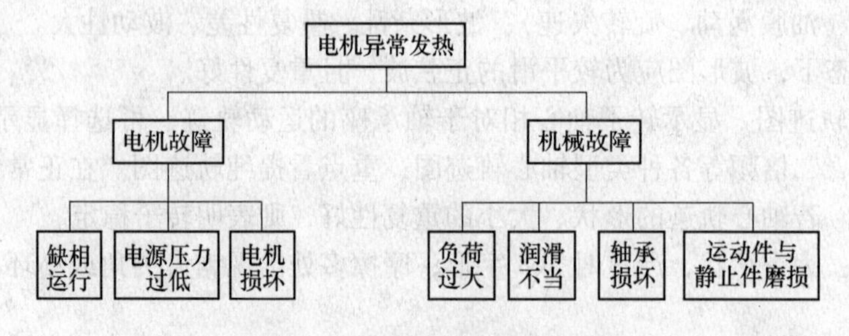

图 3-6　电机运行状态分析示意图

轧机设备状态监控方案，根据以冷轧轧机和操作的技术参数，查找器技术参数的变化判断出影响运行状态的方案，并迅速判断因素中核心要素，进而对影响要素的设备进行判断，找出薄弱环节和可能存在的问题。轧钢机检测项目与参数见表 3-4。

表 3-4　轧钢机检测项目与参数

<table>
<tr><th>设备种类</th><th>检测项目及参数需求</th><th>管理项目要求</th></tr>
<tr><td rowspan="5">轧钢机</td><td>精度检测压下量控制</td><td rowspan="5">设备运行分析由相应传感器获取设备的技术特征；
有无异常声音的故障信息，润滑条件有无缺失</td></tr>
<tr><td>温度控制</td></tr>
<tr><td>速度检测功率控制</td></tr>
<tr><td>轴承运转检测</td></tr>
<tr><td>润滑项目检测</td></tr>
</table>

【学习资料】

轧机设备安全生产案例、设备管理条例、工厂安全性评价标准。

【想做一体】

（1）能编制热轧轧机设备监控方案。
（2）应用故障分析法判断轧机压下装置产生周期性噪声现象的原因。

任务 3.3　设备故障统计和分析

【导言】

现代冶金企业生产活动中，先进设备是保证生产重要因素，设备一旦发生故障，直接影响企业生产的产量质量、安全、环境等，造成重大经济效应损失。要在最短时间内恢复设备正常运行，建立设备故障处理流程，引导故障修复工作实施，同时采取措施杜绝设备故障发生，力争实现设备故障为零。

【学习目标】

（1）了解故障处理流程周的目的和作用。
（2）熟悉设备故障管理内容。
（3）能填写设备故障分析表。
（4）了解设备事故三大类和事故处理流程。

【工作任务】

（1）编制中小企业设备故障处理流程。
（2）填写设备故障分析表。

【知识准备】

3.3.1　设备故障

设备故障一般是指设备失去或降低其规定功能的事件或现象，表现为设备的某些零件失去原有的精度或性能，使设备不能正常运行、技术性能降低，致使设备中断生产或效率降低而影响生产。

3.3.1.1　设备故障种类

分为四大类：磨损性故障、腐蚀性故障、断裂性故障及老化性故障（疲劳断裂）。

A　腐蚀性故障

按腐蚀机理不同腐蚀性故障又可分化学腐蚀、电化学腐蚀和物理腐蚀。

化学腐蚀：金属和周围介质直接发生化学反应所造成的腐蚀。反应过程中没有电流产生。

电化学腐蚀：金属与电介质溶液发生电化学反应所造成的腐蚀。反应过程中有电流产生。

物理腐蚀：金属与熔融盐、熔碱、液态金属相接触，使金属某一区域不断熔解，另一区域不断形成的物质转移现象，即物理腐蚀。

B　磨损性故障

磨损性故障是指由于运动部件磨损，在某一时刻超过极限值所引起的故障。磨损是指机械在工作过程中，互相接触做相互运动的对偶表面，在摩擦作用下发生尺寸、形状和表面质量变化的现象。按其形成机理又分为黏附磨损、表面疲劳磨损、腐蚀磨损、微振磨损等类型。

C　断裂性故障

断裂性故障可分脆性断裂、疲劳断裂、应力腐蚀断裂、塑性断裂等。

脆性断裂可由材料性质不均匀引起；或由加工工艺处理不当所引起（如在锻、铸、焊、磨、热处理等工艺过程中处理不当，就容易产生脆性断裂）；也可由于恶劣环境所引起，如温度过低，使材料的力学性能降低，主要是指冲击韧性降低，因此低温容器（-20℃以下）必须选用冲击值大于一定值的材料。

D　疲劳断裂

由于热疲劳（如高温疲劳等）、机械疲劳（分为弯曲疲劳、扭转疲劳、接触疲劳、复合载荷疲劳等）以及复杂环境下的疲劳等各种综合因素共同作用所引起的断裂。

3.3.1.2　设备故障变化趋势

设备故障是设备运转随着时间的变化，其故障发生的变化过程大致分三个阶段：早期故障期、偶发故障期和耗损故障期，如图 3-7 所示。

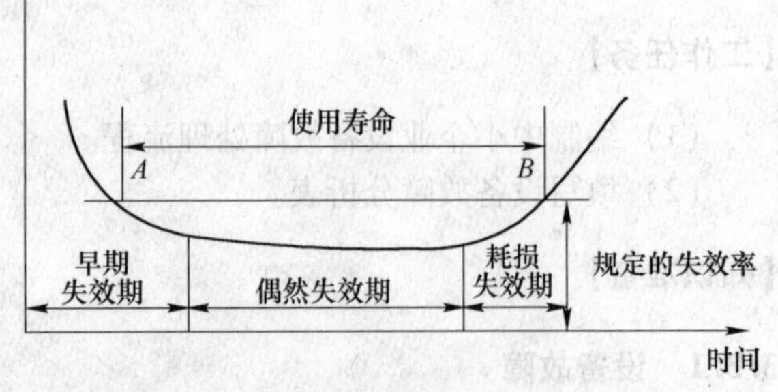

图 3-7　设备运行失效曲线图

（1）早期故障期，也称磨合期，该时期的故障率通常是由于设计、制造及装配等问题引起的。随运行时间的增加，各机件逐渐进入最佳配合状态，故障率也逐渐降至最低值。

（2）偶发故障或随机故障期的故障是由于使用不当、操作疏忽、润滑不良、维护欠佳、材料隐患、工艺缺陷等偶然原因所致，没有一种特定的失效机理主导作用，因而故障是随机的。

(3) 耗损故障期的故障是机械长期使用后，零部件因磨损、疲劳，其强度和配合质量迅速下降而引起的，其损坏属于失效性质。

3.3.1.3 设备在性能方面的故障征兆

A 功能异常

指设备的工作状况突然出现不正常现象，这是最常见的故障症状。

(1) 设备启动困难、启动慢，甚至不能启动。

(2) 设备突然自动停机。

(3) 设备在运转过程中功率不足、速率降低、生产效率降低。

(4) 设备运转过程中突然紧急制动失灵、失效等。

B 过热高温

(1) 冷却系统有问题、缺冷却液或冷却泵不工作。

(2) 齿轮、轴承等部位过热。

(3) 油、水温度过高或过低。

设备过热现象有时可以通过仪表板、警示灯直接反映出来，但有时需要进行温度点检才能检查出来。

C 油、气消耗过量

润滑油、冷却水消耗过多，表明设备有些部位技术状况恶化，有出现故障的可能。压缩气体的压力不正常等。

D 润滑油出现异常

(1) 润滑油变质较正常时间要快，可能与温度过高等有关系。

(2) 润滑油中金属颗粒较多，一般与轴承等摩擦量有关，可能需要更换轴承等磨损件。

E 电学效应

电阻、导电性、绝缘强度和电位等变化。

3.3.1.4 设备在外观方面的故障征兆

A 异常响声、异常振动

(1) 设备在运转过程中出现的非正常声响，是设备故障的“报警器”。

(2) 设备运转过程中振动剧烈。

B 跑冒滴漏

(1) 设备的润滑油、齿轮油、动力转向系油液、制动液等出现渗漏。

(2) 压缩空气等出现渗漏现象，有时可以明显地听到漏气的声音。

(3) 循环冷却水等渗漏。

C 有特殊气味

(1) 电动机过热、润滑油窜缸燃烧时，会散发出一种特殊的气味。

(2) 电路短路、搭铁导线等绝缘材料烧毁时会有焦煳味。

（3）橡胶等材料发出烧焦味。

3.3.2　设备故障处理流程图

故障处理流程图就是将设备故障处理过程、步骤、做法等用相应图形表示出来，避免在处理过程中出现混乱和缺陷，提高工作效率。其总体原则是缩短设备故障停机时间，减少企业损失，方便快捷处理设备故障，恢复设备正常运转。

3.3.2.1　流程图

若设备发生故障，所有相关人员均按照企业设备管理部门制定“设备故障处理流程”来处理，其流程是从设备操作员报告故障发生、申请维修开始，各部门、岗位履行各自职责，完成故障处理任务。如图3-8所示。

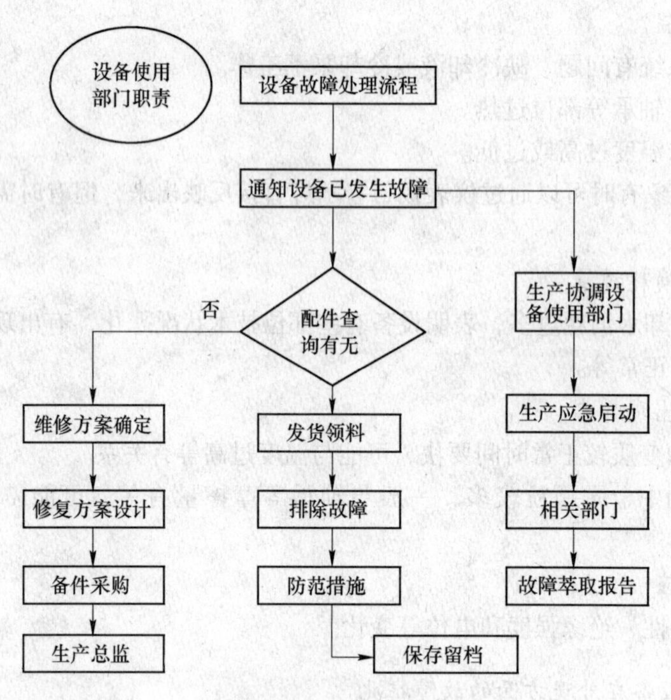

图3-8　设备故障处理流程

3.3.2.2　设备故障管理内容

为全面掌握设备运行状态，搞好设备预防维修，改善设备可靠性、稳定性、提高设备综合率，必须对设备故障过程管理，其过程内容包括故障信息效果、故障分析、故障处理计划、事实处理效果评价和信息反馈。

A　故障信息收集

企业的设备故障频发对生产及设备管理都带来不利的影响，如何控制故障的发生，避免事故对生产和维修带来的损失至关重要。据统计，企业中生产作业损失时间中，10%～15%是因为管理部门造成的，约有20%是因为生产部门（产品切换和开工准备等）造成的，约35%是因为设备造成的，包括设备故障、设备性能及效率降低等，因此找到设备故障和造成性能降低的原因，开展故障管理，并进行相应的改善，成为企业提升设备可靠性和管理水平，降本增效中的一个重要的环节。

全面的设备故障管理包括故障基础信息管理，设备故障统计分析，根本原因分析和维修策略回顾与优化四部分。按照 ISO 14224—2006，对设备故障机理信息表述见表 3-5。

表 3-5　设备故障机理信息表

故障机理大类	故障机理小类	描　述
机械故障	一般机械故障	关于某些机械缺陷的故障
	泄漏	液体或气体的外泄或内泄
	振动	异常振动
	间歇/找正故障	由间隙或找正引起的故障
	变形	扭转、弯曲、压曲、凹痕、屈服、收缩等
	松动	断开、零件松动
	黏着	变形、非间隙/找正故障引起黏着、卡住、压紧
材料故障	一般材料故障	材料缺陷造成的故障，但尚不清楚进一步的详情
	气蚀	与泵和阀等设备有关
	腐蚀	所有腐蚀类型，既包括湿式（电化学），也包括干式（化学）
	冲蚀	冲蚀磨损
	磨损	磨蚀和胶着磨损，如刻痕、表面磨损、划伤、微振磨损等
	破损	破损、破裂、裂缝
	疲劳	如果破损的原因可追溯到疲劳，应选用此特征
	过热	过热或烧灼时材料破坏
	爆炸	组件爆炸、膨胀、爆裂、内向爆炸等
仪器仪表	一般仪器仪表故障	仪器仪表故障，但尚不清楚进一步的详情
	控制失效	
	无信号/指示/警报	无预期的信号/指示/警报
	错误信号/指示/警报	对应实际过程，信号/指示/警报是错误的，可能是假的、时有时无、波动、反复无常
	不能调整	校准错误、参数漂移
	软件失效	由于软件失效造成故障或不能控制、监测、工作
	共因失效	一些仪器组件同时失效，如冗余的火焰气体检测器
电气故障	一般电气故障	电力供应和传输的故障
	短路	短路
	开路	线缆脱开、中断、损坏
	无功率/电压	失去电力供应或供应不足
	错误功率/电压	故障电力供应，如过电压
	接地/绝缘故障	接地故障，低电阻
外部影响	一般外部影响	由某些外部事件或边界外物质引起的故障
	堵塞	由于污浊、污染等造成的流动限制或堵塞
	污染	污染流体、空气或地面，如润滑油污染、气检
	其他外部影响	来自临近系统的外来物体、冲击、环境影响

故障信息收集主要做的工作任务是：

（1）故障时间收集。统计故障设备停机时间、开始维修时间、修理完成时间。

（2）故障现象信息收集。故障现象是故障外部形势具体表现，与故障产生的原因有紧密关系，需要设备操作人员细心观察设备动态，发现异常马上停止，记录相关内容和现象，为故障处理提供第一手资料。

（3）故障部位信息收集。确切掌握故障部位，为分析和处理提供保障，直接了解设备各部分的名称、设计思路、安装质量和使用性能，为改善维修、改造提供帮助。

（4）故障原因收集。产生故障原因通常有以下主要内容：设计问题，制造问题，安装问题，操作保养不良，超负荷，润滑不良，修理质量问题，自然磨损劣化，原设计结构、尺寸、配合、材料选择不合理，操作者技术不熟练，违章操作，正常磨损老化等。

（5）故障处理信息收集。通常有应急方案、紧急处理、计划检修、设备技术改造方案等。

B 故障统计分析内容

故障统计而不是故障报告，传统的“针对人的故障事故报告”，往往对查找原因和避免设备故障发生所起的作用不大。故障统计要以位置和设备为核心，统计如下九大要素：

（1）什么位置和设备发生部件？

（2）什么设备的部件（可维修单元）发生故障？

（3）什么时间及谁发现的故障？

（4）故障的现象是什么？

（5）故障的原因是什么？

（6）故障的临时处理措施是什么？

（7）故障的影响是什么？

（8）故障是谁的责任？

（9）有什么样的改进措施？

3.3.3 故障分析具体方法

设备故障的发生发展过程都有其客观规律，研究故障规律用客观的分析方法对故障进行分析，查明发生的原因和机理，采取预防措施，防止故障重复出现，采取科学的分析方法是十分必要的。其分析通常是车间设备管理员，设备审核、维修工人一起分析故障，这样能有效总结规律编制成文件形式定型发布，成为指导性的文件。

3.3.3.1 设备故障对策顺序流程图

图3-9所示为设备故障对策流程图。

3.3.3.2 故障分析方法具体应用

故障分析常用直方图、鱼刺图等技术方法，还有针对性的故障分析方法，这种方法把系统可能发生的某种故障与导致故障发生的各种原因之间的逻辑关系用一种称为故障树的树形图表示，通过对故障树的定性与定量分析，找出故障发生的主要原因，为确定安全对策提供可靠依据，以达到预测与预防故障发生的目的。具体采用什么分析方法，是依据故障性质、现象等要素来灵活决定，最终的目的是分析出产生设备故障的主要原因。

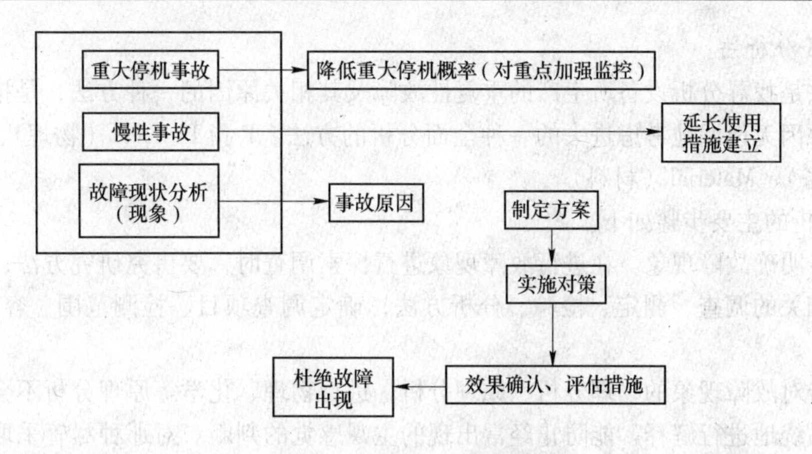

图 3-9　设备故障对策流程图

常见设备故障有：

（1）渐进式故障。主要有设备出事参数逐渐劣化而产生的，主要与材料磨损腐蚀疲劳和蠕变过程有密切关系。

（2）突发性故障。是各种不利因素及偶然外界共同影响而产生的这种作用超出了设备所能承受的程度。

（3）间断性故障。短期内产生，丧失功能表现，稍加调试就可以恢复。

（4）永久性的故障。零部件损坏，需要更换修理方能使用。

3.3.3.3　故障分析内容和方法

开展故障原因分析，应对故障原因、种类有统一原则。因此首先应将本企业故障原因、种类规范化，明确每种所包含的内容，划分故障原因、种类要结合本企业拥有的设备种类和故障管理实际需要，其准则应视故障原因种类而确定。

以天津某轧钢有限公司故障原因分类为例说明，见表 3-6。

表 3-6　天津某轧钢有限公司故障原因分类

序　号	原因类别	包含主要内容
1	设计问题	原设计结果、尺寸、配合、材料选择不合理
2	制造问题	原制造、机加工锻造、热处理、装配、标准不合理，存在问题
3	安装问题	基础不牢固、垫铁，地脚螺栓、水平度、防震等存在问题
4	操作保养不良	不清洁、调整不当、未及时清洗换油等
5	超负荷使用不合理	零件不符合要求，设备超负荷
6	润滑不良	未及时润滑清理、油质不合格、油的牌号种类错，加油点堵塞、自主润滑系统工作不良
7	修理质量问题	修理、装配、调整不合格，设备配件不合格、改进不合格
8	自然磨损劣化	正常表面磨损
9	操作者马虎大意	工作时精力不集中引起故障
10	操作技术不成熟	操作新设备，工人技术等级偏低
11	违章操作	不按规章程序操作

A PM分析法

该方法是找寻分析设备所生产的重复性故障及其相关原因的一种方法，是把重复性故障的相关原因无遗漏地考虑进去的一种全面分析的方法。P指Physical（物理），M指Machine（设备）、Material（材料）。

PM分析的主要步骤如下。

第一步明确故障现象。在进行故障现象进行探索调查时，要讲究研究方法，根据现象研究确定相关的调查、测定、检验、分析方法，确定调查项目、检测范围、容差、基准、限定值等。

第二步对故障现象的物理分析、原理分析。进行物理、化学等原理分析不会将因素遗漏，并能系统地进行解释。能防止经常出现的主观感觉的判断。对那种尽管采取了很多措施仍没有将慢性损失减少下来的对策，可从根本上对其原因、措施、管理要点重新加以修正。

第三步故障现象成立的条件。根据科学原理、法则来探讨现象促成的条件。通过穷举方法尽可能多列举促成现象的条件，无论其出现概率大小都应加以考虑，然后再进行分析筛选。

第四步对故障原因进行多角度探讨。从生产现场五要素（机器、工具、材料、方法、作业者）方面寻找故障的原因。把与故障现象有关的原因列出来，从人、机、料、法、环等几个方面筛选最有关系的因素，并将所能考虑到的因素都提出来，画出因果关系图。

第五步确定主要原因。就是针对各项故障原因进行验证（调查、检验、分析），找出产生故障现象的主要原因。针对各种原因，要具体地研究不同的验证方法、调查方法、测定方法、调查范围、标准面的确定方法、调查项目等。

第六步提出改进方案。根据各种验证后的故障要因，都要提出改进的方案。

根据掌握的工具、手段和方法，确定如何解决问题或者改善问题。

制定出措施后，就要实施措施。针对故障问题点指定对策，实施改善，使其设备更趋完备。

B 特性要因图

将有问题的特征和影响其特性的原因之间关系整理出来，能绘制成鱼刺图（图3-10）。

C R-f分析法

把发生的问题特征分类，针对每一种类型问题根据原理原则调查实施找出原因并验证，以对问题加以控制。

D 关联图法

关联图法是根据事物之间横向因果逻辑关系找出主要问题的最合适的方法。将问题和影响该问题的要因之间的关联用带箭头的线连接起来形成一个理论性的关联图。

E 系统图法

系统图法又称树图法，是将目的和手段相互联系起来逐级展开的图形表示法，利用它可系统分析问题的原因并确定解决问题的方法。它的具体做法是将把要达到的目的所需要的手段逐级深入。系统法可以系统地掌握问题，寻找到实现目的的最佳手段，广泛应用于

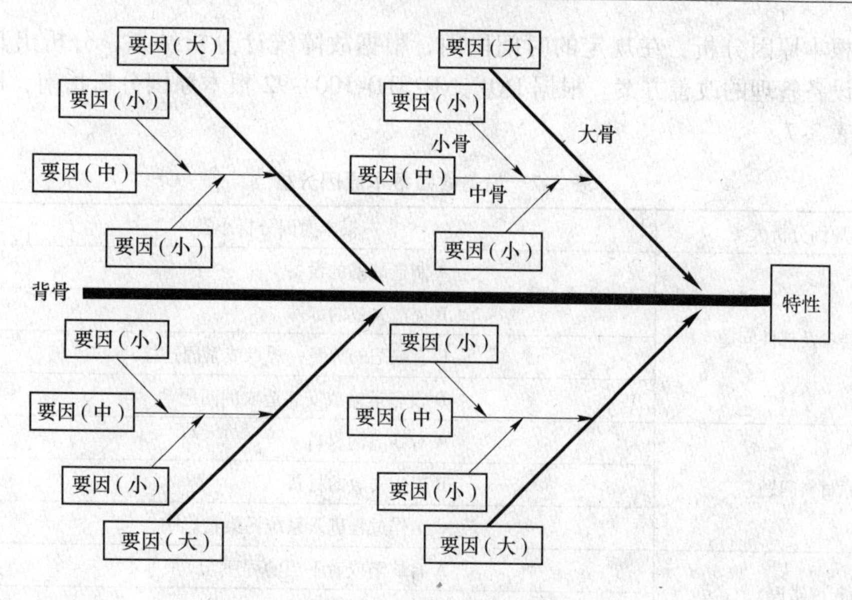

图 3-10 特性要因图示意图

质量管理中。

F “为什么”分析法

引起该现象有可能是什么原因，将这些原因全部找出来并与事实相比较，得出针对每一个问题的答案，至少要重复五次。一般常采用本种方法。

3.3.4 故障处理

故障处理是在分析的基础上，根据故障原因和性质提出来永久消除故障，这个处理内容要根据生产实际备件来决定。对于重复性故障、项目修理、改装以提高局部精度为主的严重故障，可采取大修报废方法；对合理性缺陷可采用技术改造方法；劳动者素质不高应由具体培训工作来解决。确认效果杜绝发生故障，设备故障处理实施对策后，故障变为 0 件，而这可能将故障维持在 0 件，效果达到 100%。但在实际工作中有时是达不到 0 件的效果，只说明设备有故障降低效果。如图 3-11 所示。

对策图→ 故障件数	时 间	效果	
0 件	3 个月	100%	效果良好
1 件	1 个月	( )	再发生效果 0%
⋮	⋮		
n 件	1 周间	( )	降低效果 %
效果确认最低周期为 3 个月，运用上 3 个月 ~1 年都作为再发事故			

图 3-11 设备对策效果确认图

故障的表现形式：短路、开路、断裂等。

故障机理：引起故障的物理的、化学的、生物的或其他的过程。

故障原因：引起故障的设计、制造、使用和维修等有关因素。

临时纠正措施：针对故障原因所采取的临时处理措施。

故障根本原因分析：在规定的时间段内，根据故障统计分析结果，分析出其根本原因，明确设备管理的改善方案。根据 DOE-NE-STD-1004-92 根本原因分析指南，根本原因的分类见表 3-7。

表 3-7　设备故障根本原因分析

根本原因分析大类	根本原因分析小类
机器装备及部件问题	A 制造缺陷的设备
	B 提前失效的部件
	C 有缺陷的焊缝、焊点或紧固连接
	D 设备运输或安装造成的问题
原材料问题	A 有缺陷的材料
	B 工作失效的材料
	C 工作过程进入系统污染物影响
程序错误	A 有缺陷或者不当的程序
	B 必要程序的短缺
人员错误	A 不适当的工作环境设计
	B 对细节的疏忽，未检测、未确认
	C 违反规范或者操作程序
	D 口头信息传达错误
	E 无意、有意让设备超期服役
	F 无意、有意让设备超负荷运行
	G 对操作技能掌握不恰当
	H 其他人为失误
设计问题	A 不适当的人机界面，操作过于复杂
	B 不正确或者有缺陷的可靠性设计
	C 在部件或者材料选择上的失误
	D 图样、规范或者数据错误
培训不足	A 没有提供足够的工作培训
	B 实践经验或者动手训练不足
	C 培训内容、教材缺陷
	D 后续培训、再教育不足
	E 培训讲师的能力无法满足要求
	F 无意、有意让设备超负荷运行
管理问题	A 不适当或者不充分的管理控制
	B 工作的组织或计划、准备不足
	C 不适当或者不充分的监督
	D 不正确的资源分配方案
	E 病态的公司文化和气氛
	F 制度和规范不细致、不深入、不规范

续表 3-7

根本原因分析大类	根本原因分析小类
管理问题	G 管理上缺乏确认体系
	H 不恰当的决策和指挥
外部原因	A 天气或者环境状况（水灾、雷电等）
	B 能源供应的中断或者各种瞬态现象
	C 外部火灾、爆炸等灾害影响
	D 盗窃、破坏等行为

3.3.4.1　开展设备故障预测杜绝故障发生

设备的故障是人为造成的。因此凡与设备相关的人都应转变自己的观念。要从“设备总是要出故障的”观点改为“设备不会产生故障”，“故障能降为零”的观点，这就是“零故障”的出发点。

A　汇总零故障的基本观点

设备的故障是人为造成的。

人的思维及行动改变后，设备就能实现零故障。

要从“设备产生故障”的观念转变为“设备不会产生故障”、“能实现零故障”。

B　将故障的“潜在缺陷”暴露出来

先分析一下故障是怎样产生的。这是因为我们在产生故障之前没有注意到故障的种子缺陷。根据零故障的原则，就是将这些“潜在缺陷”明显化（在未产生故障之前加以重视）。这样，在这些缺陷形成故障之前即予纠正、修整（防患于未然——预防），就能避免故障。一般而言，潜在缺陷，常指灰尘、污垢、磨损、偏斜、疏松、泄漏、腐蚀、变形、伤痕、裂纹、温度、振动、声音等异常。

C　实现零故障的 5 大对策

(1) 具备基本条件就是指清扫、加油、紧固等。故障是由（设备）劣化引起的，但设备大多数劣化是在不具备劣化条件情况下发生的，即没有具体情况特征的表现故障就发生了。

(2) 设备或机器在设计时就预先决定了使用条件。根据该使用条件而设计的设备、机器，如果严格达到这些使用条件，就很少产生故障。比如电压、转速、安装条件及温度等，都是根据机器的特点而决定的。

(3) 一台设备，即使恪守基本条件、使用条件，设备还会发生劣化，产生故障。因此，使隐患的劣化明显化，使之恢复至正常状态，这就是防故障于未然的必要条件。这意味着应正确地进行检查，进行使设备恢复至正常的预防修理。

(4) 设备有些故障即使是采取了上述对策后仍无法去除，而且有时因这些故障而提高了生产成本。这一类设备大多是在设计或制作施工阶段，而产生的技术力量不足或差错等缺点。

(5) 以上(1)～(4)对策，均是由人来实施的，但有时即使采取了对策(1)～(4)，还会产生操作差错，修理差错等。防止这类故障，只有靠提高操作人员及保全人员的专业技能。

上述达到零故障的5大对策，必须由运转部门和维修部门的相互协作。在运转部门，要以基本条件的准备，使用条件的恪守，技能的提高为中心。维修部门的实施项目有使用条件的恪守，劣化的复原，缺点的对策，技能的提高等。

D　防止劣化的三项活动

防止劣化的活动：正确操作、准备、调整、清扫、加油、紧固等。

发现劣化的活动：检查使用条件，对设备做日常、定期检查，以早日发现故障的“病根”。

复原的活动：要加强小的装备以及对异常情况的处理、联络。要使设备恢复至正常状态，防故障于未然。

设备故障预测图能对上述的分析做出表述，如图3-12所示。

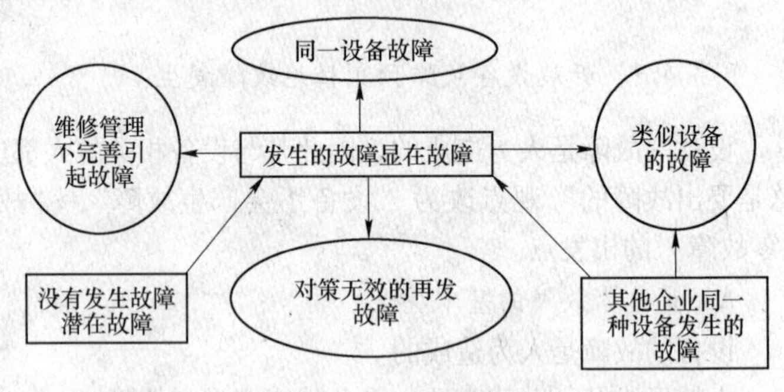

图3-12　设备故障预测图

为杜绝类似设备故障再发生，开展水平方向设备故障预测杜绝故障再发生。防止设备再发生对策逻辑图可以有效降低故障再次出现的概率，如图3-13所示。

3.3.4.2　设备事故管理

设备故障所造成的停产时间或修理费用达到规定限度者，设备事故企业对所发生的设备事故必须澄清原因，并按照《设备管理案例》规定严肃处理。

A　设备事故级别划分标准

设备一般事故重大事故特大事故三类，其分类标准由国务院交通各部门决定。

(1) 一般事故。修理费用一般设备在500~10000元，精、大、稀设备及关键设备多达1090~30000元，或造成全厂供电中断10~30min为一般事故。

(2) 重大事故。修理费用一般设备在10000元以上，精、大、稀设备及关键设备多达30000元以上，或造成全厂供电中断30min以上为重大事故。

(3) 特大事故。修理费用一般设备在50万，或造成全厂停产两天以上，车间停产一周以上为特大事故。

B　设备事故性质

根据事故产生原因，可将设备事故性质分成以下三种：责任事故、质量事故和自然事故。

C　设备事故调查分析及处理

(1) 设备事故发生后，立即切断电源，保持现场逐级上报，及时进行调查，分析和处理，一般事故发生后，由事故单位负责人立即组织点检员、工段长、操作人员和设备动力

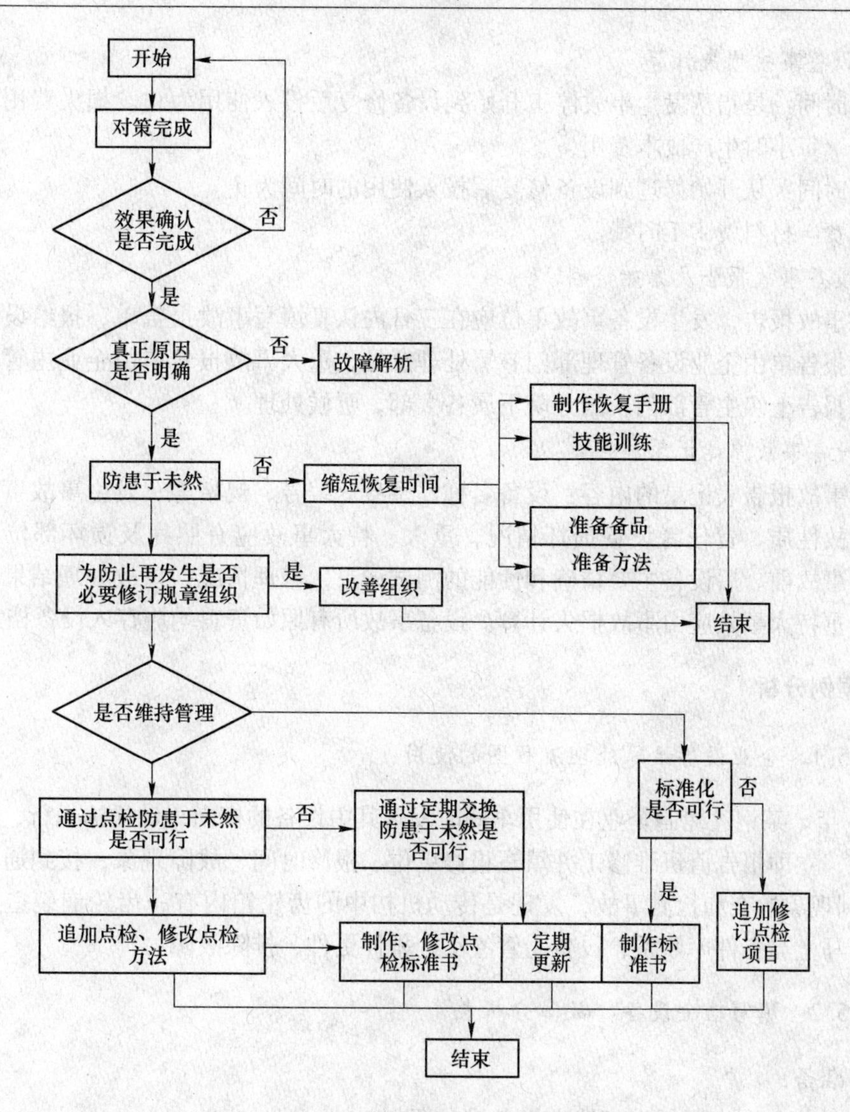

图 3-13　防止故障再发生对策逻辑图

科有关人员参与整个活动、分析事故、采取合理措施尽量降低由设备事故造成的停产损失。重大事故发生由企业上级主管负责人、本企业主管负责人和有关科室共同调查、找原因制定措施组织力量尽快恢复生产降低损失。

（2）事故调查分析，必须应注意以下几点：

1）保持事故状况，迅速调查。

2）有关人员和现场目击者询问事故发生过程。

3）成立调查组。

4）分析事故切忌主观、要根据实际来定性。

（3）设备事故的处理、要遵循“三不放过”原则：事故原因分析不清不放过；负责者与群众未受过教育不放过；没有防范设施不放过。

企业生产中发生事故是坏事，必须认真查出原因妥善处理使责任者和其他操作者受到教育，并制定措施防止此类事故重演。

D 设备事故损失计算

停产时间：是指从发生事故停工开始到设备修复后投入使用为止。损失费用：损失=停机小时×每小时生产成本费用。

修理时间：从开始修理到设备修复后投入使用的时间为止。

修理费=材料费+工时费。

E 设备事故报告及原始资料

设备事故报告，发生设备事故单位应在三日内认真填写事故报告单，报给设备管理部门。一般报告单由企业设备管理部门签署处理意见，重大事故报告单由企业主管批示，特大事故应报告上级主管部门及国务院下属各大部，听候处理。

F 设备事故原始记录和存档

设备事故报告表记录的内容：设备名称、型号、编号、规格等；发生事故事件、详细经过，事故性质，责任者设备损坏情况，重大、特大事故应有照片及损坏部位、原因分析，发生事故前、后设备主要精确和性能的测试记录，修理情况；事故处理结果及今后防范措施；重特大事故应由事故损失计算。设备事故所有原始资料均应存入设备档案。

3.3.5 案例分析

3.3.5.1 企业设备故障处理流程图的使用

2010年，某钢丝绳制企业在使用车间时发现其中设备的横向移动无法运行，操作工发现问题后，立即报告值班维修工并填写报修单位、报修时间、故障现象，接到通知维修工5mim后到现象检查和检测事故，发现是传动机构中的齿轮箱内有一齿轮崩裂造成无法传递运动，马上与备件库联系，设备主管签字，领件更件，排除故障。

3.3.5.2 填写冶金设备“故障分析表”

工作准备：

(1) 选定一台中厚板生产线上设备维护资料。

(2) 了解设备故障处理流程。

(3) 熟悉设备管理运用。

(4) 熟练掌握常用设备故障分析方法。

实施工作：

(1) 到生产现场了解轧机设备故障发生过程。

(2) 收集相关故障信息。

(3) 与车间设备操作人员，设备维修工，设备点检员共同分析故障的原因、对策、预防措施。

(4) 规范填写“设备故障分析表”，见表3-8。

工作检验：

(1) 检查“设备故障分析表”标准。

(2) 故障分析预防措施与实施检验效果。

表 3-8　设备故障分析表

<table>
<tr><td rowspan="2">部门：中厚板×　×
设备名称：××
编号：210010005
分析时间：2009-7-15
操作工：</td><td rowspan="2">×　×　厂
故障分析表</td><td colspan="2">分析员</td><td colspan="2">点检员</td><td colspan="2">部门负责人</td></tr>
<tr><td></td><td></td><td></td><td></td><td></td><td></td></tr>
<tr><td>设备停机时间：
2009 年 6 月 20 日
10：25：00</td><td>生产恢复时间：
2009 年 6 月 20 日
11：06：00</td><td colspan="6">总耗时：41min</td></tr>
<tr><td colspan="2">（1）人、机、料具体原因分析
人的具体原因：维修重点、巡检、检修不到位
设备原因：信号反馈时间及时有效
方法原因：采用调整液压方法是否恰当
材料原因：材质因素</td><td colspan="6">（2）主原因分析
为什么（why）材料与剪刀速度不同步
为什么（why）造成传递信息反应慢
为什么（why）点检工维修的设备没有及时发现
为什么（why）根本原因：材料加速度过快造成反应序号的时间无法同时反应</td></tr>
<tr><td colspan="8">长期对策——根本原因确定</td></tr>
<tr><td colspan="8">验证方式和结果：
修复后，设备正常运行并且跟踪 2 个班次后正常，达到相应效果。</td></tr>
</table>

3.3.5.3　完成设备故障分析表填写

【参考资料】

中国设备管理网、设备故障处理分析方法、设备损失计算分析。

【想做一体】

（1）编制故障处理流程的目的是什么？
（2）设备故障处理过程包括哪些内容？
（3）设备事故如何分析处理？
（4）常见企业事故隐患和防止措施有哪些？

任务 3.4　合理运用分析方法处理故障

【导言】

现代企业具有大量的设备，要使设备起到应有的作用，发挥它的效能，就必须提高管理者和操作者的理念，提高他们相应的管理知识、管理水平和科学点检理念，这样能有效提高设备的使用率，使企业的成本降低，效益最大化，提高企业的竞争力。

【学习目标】

（1）掌握现代设备管理常用的技术方法。
（2）能运用管理分析法对收集的资料进行分析。

（3）综合运用管理分析法。

【工作任务】

自行车在骑行过程中出现运动起来速度慢，且特别费力气的现象，要求每个学生用设备管理的思路来确定相应的分析，逐条列出可能存在的技术因素，列出采取的分析方法。

【知识准备】

3.4.1　设备管理分析法的具体应用

设备在使用期间常采用点检作业来完成监控，它是一项检查任务，更是一项管理工作，不但要按照点检标准作业书来工作，查找隐患及时处理，同时还要收集数据，整理实际状况，分析点检的结果。

点检实绩记录具有固定的格式，包括作业记录、异常记录、故障记录和倾向记录等。完整的记录为制定设备预防维修计划等工作提供原始资料。其应做的内容如下：

点检结果记录；点检日记；缺项和异常记录；故障和事故记录；设备倾向管理记录；检查和维修记录；状态记录；失效记录。

3.4.2　点检分析方法应用

把握点检实绩是最重要的，因为它是实施分析的前提，也会给设备管理部门提供有用的信息，没有真实性的实绩，会给管理者蒙上一层模糊的假象，因而会失去机会，甚至是决策错误。但是有了实绩如何来进行分析，其方法也是至关重要的。

常用分析基本方法是排列图法、鱼骨分析法、图表分析法、5个为什么法、关联图法、直方图法、焦点法、倾向推移法等形式。

3.4.2.1　排列图法

排列图法是寻找主要问题的方法。寻找主要矛盾，找出主要问题，排列图法较为有用，如用排列图找出故障的主要原因，以便采取对策。同样也可以作出故障停机时间排列图或故障修理排列图，找出故障停机时间主要问题和处理对策的主要问题。

3.4.2.2　倾向推移法

倾向推移法又称倾向管理法，根据推移曲线进行前后分析对比，也可以在推移图上找出存在问题点和经验点，以采取相应对策，落实提高工作效率的步骤和方法。以定期时间为基础，相应记载变化值，连成曲线表示在同等生产期中设备效率的升高和故障的下降。如图3-14所示。

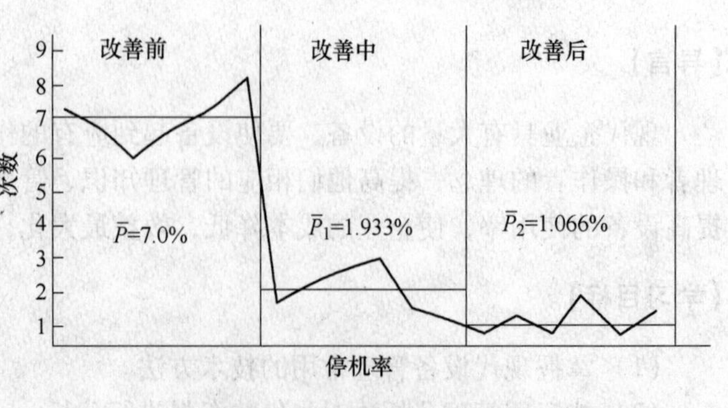

图3-14　倾向方法示意图

3.4.2.3　直方图法

将预先设定的计划目标、计划数值，按比例记入到图表里，构成直立的方块图。同时在相应处，记入相同比例的实绩值，这样计划值与目标值相对比，可以看出计划与实绩的差距，证实计划精度的高低，同时也与历史实绩进行对比，看其计划性如何，基本可以说明工作效率如何，效率在提高还是下降，找出存在的问题点，进行分析评价。如图 3-15 所示。

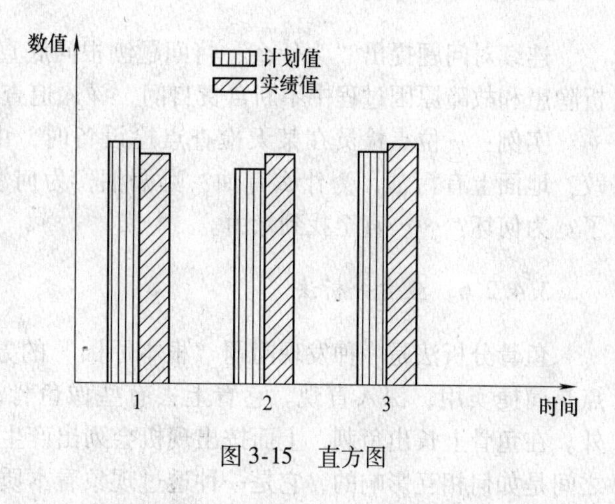

图 3-15　直方图

3.4.2.4　焦点法

焦点法是找出问题点、便于分析的好方法，简单明了问题突出、分析效果显著。一般也可以用于设备故障分析之中。如图 3-16 所示。实例：把一个整圆等分，分割成数块（6 块或 8 块），每一块都表示了点检区设备的有标准化问题点的一部分，每一部分引起故障次数，均用量线段表示，这样把点连成多边形，即形成了具有评价的分析图。

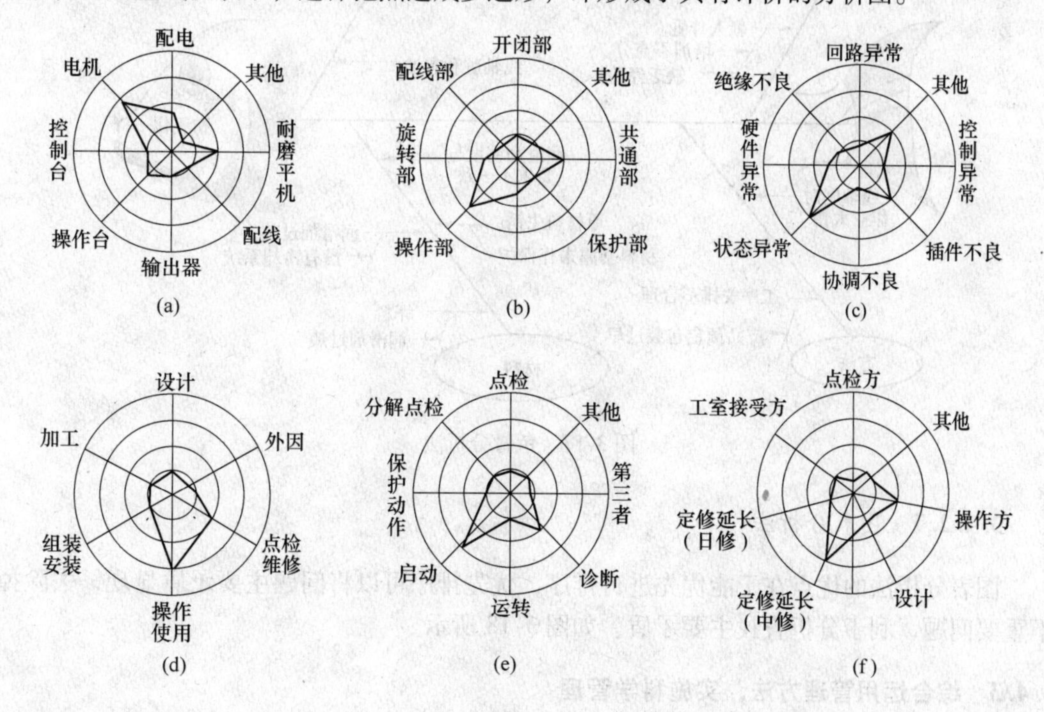

图 3-16　焦点法

（a）故障装置，部品分布；（b）故障部位；（c）故障现象分布；（d）直接原因分布；（e）发现途径分布；（f）主要责任分布

3.4.2.5　5个为什么法

连续对问题提出“为什么”将问题刨根问底直至答案，适用于因果关系的问题。在分析隐患和故障原因过程中不断自责自问，深入追查到问题根源。

实例：一位点检员在某天检查点检设备时，由于天较黑在车间里摔了一跤。为何摔跤？地面上有污油，为什么有油？哪漏油，为何漏油？油嘴松，为何油嘴松？密封圈坏了？为何坏？……直至找到缘由。

3.4.2.6　鱼骨分析法

鱼骨分析法是一种发现问题“根本原因”的方法，它也可以称之为“因果图”。其特点是简捷实用，深入直观。它看上去有些像鱼骨，问题或缺陷（即后果）标在“鱼头”外。在鱼骨上长出鱼刺，上面按出现机会列出产生问题的可能原因，有助于说明各个原因之间是如何相互影响的，它是一种透过现象看本质的分析方法。鱼骨图也用在生产中，用来形象地表示生产车间的流程。如图3-17所示。

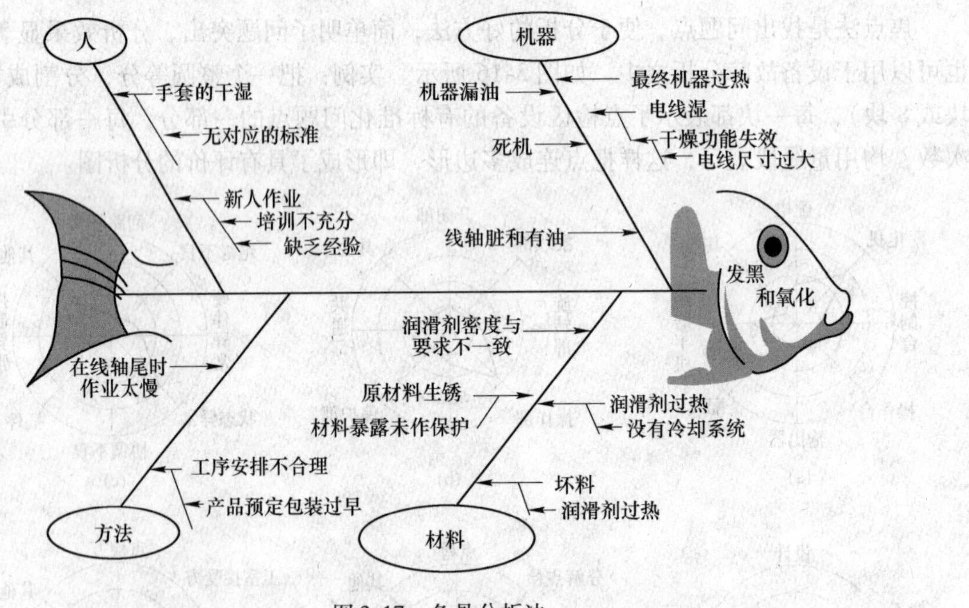

图3-17　鱼骨分析法

3.4.2.7　图表分析法

图表分析法的优点在于能优先进行排序，优先排序可以将问题主要矛盾显现，去除掉不重要问题，利于分析查找主要矛盾。如图3-18所示。

3.4.3　综合运用管理方法，实施科学管理

当设备出现故障，首先做的工作是针对故障实施修理或复原，使设备快速运转起来，其次查找原因发现问题根本因素，采取有效对策，杜绝故障再次发生，确保设备正常运转。常用的设备管理方法有PM分析法和PDCA循环管理法。

3.4.3.1 PM 分析法

要求设备所衍生的慢性损失为零的目标时，即可采用 PM 分析法，特点是以理论来指导事实，要求对设备具有相当的了解。尤其适用于设备慢性损失的个别改善。

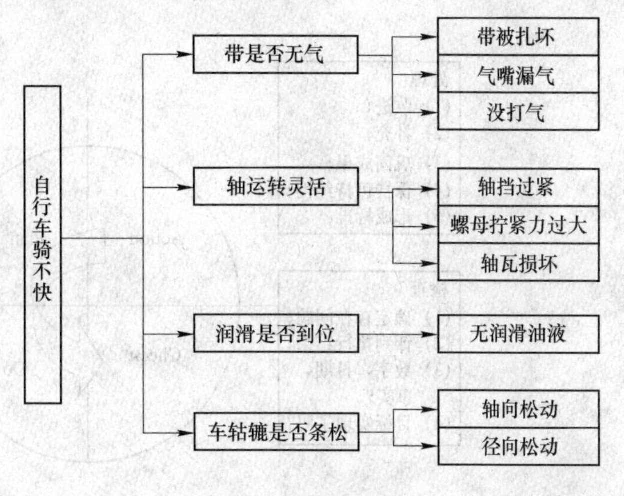

图 3-18 图表分析法

(1) 5M。

Mechanism（机理）：从机理出发，找出与故障现象存在关联的所有条件。

Man（人）：研究问题的产生和人员的变化导致操作变化，差异之间的联系。

Machine（机器设备）：研究故障产生是否与设备的变化有关。

Material（材料或零部件）：研究材料性能变化。

Method（方法）：研究问题的产生和工作方法之间的因果联系。

(2) 5W。Why（为什么）：连续追问为什么，层层深究。

(3) 2P。

Phenomenon（现象）：现象的明确化，对现象产生的方式、状态、发生的位置等情况是直接掌握。例如生产线停了、产品发生不良、设备坏了、库存太多、损耗或浪费居高不下、生产周期过长等。

Physical（物理）：现象的物理解析，用物理的方法对现象本身进行解析，把握问题的真正意义。

(4) 改善方案的提出，能解决不同原因引起的故障。

(5) 方案的具体实施。

3.4.3.2 PDCA 循环管理法

PDCA 即 Plan（计划）、Do（实施）、Check（查核）、Action（处置），是从事持续改进（改善）所应遵行的基本步骤。

P 计划：是指建立改善的目标及行动方案。

D 实施：又称执行，是指依照计划推行。

C 查核：指确认是否依计划的进度在实行，以及是否达成预定的计划。

A 处置：指新作业程序的实施及标准化，以防止原来的问题再次发生（或设定新的改进目标）。

PDCA 不断地旋转循环，一旦达成改善的目标，改善后的现状便随即成为下一个改善的目标。PDCA 的意义就是永远不满足现状，因为员工通常较喜欢停留在现状，而不会主动去改善。所以管理者必须持续不断地设定新的挑战目标，以带动 PDCA 循环。如图 3-19 所示。

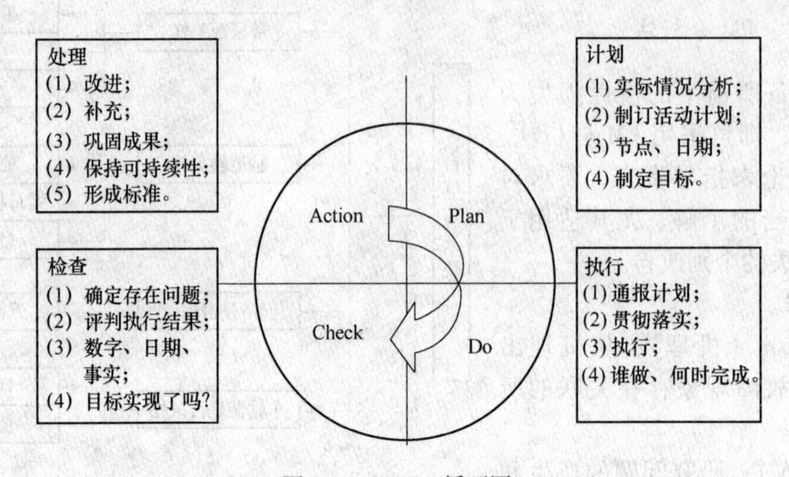

图3-19　PDCA循环图

3.4.4　案例分析——运用“5个为什么”方法查找轧钢机液压压下装置故障

轧钢机液压系统的故障现象主要表现为液压系统载荷不足，如压下不能保证恒压力的状态，经了解考察发现液压泵站存在问题。一是液压系统温升过高，油液变质变稀，内泄加剧，效率降低，元件产生热变形，破坏了配合件的配合精度与配合性质，造成油液元件损坏。二是齿轮泵流量过小，振动较大，系统温度长期高达68℃以上，并有两次因循环泵故障停车，使油温很快高达110℃，高温下液压油发生氧化、油液指标很快超标，造成液压油大量消耗。在高温下，伺服阀产生零位漂移，系统产生振动，管道管网接头造成振裂，大量漏油，造成液压元件损坏和大量的故障事件。针对此现象建议更换大容量液压泵和加强系统油液中杂质的过滤效果，经过运转检验，该措施能有效地减少故障的出现。

在上述解决过程中需要注意的原则：

(1) 先外部后内部。从外部开关开始，按钮开关、液压元件等开始，由外向内开始。

(2) 先机械后电气。机械故障容易看出，电气故障较难发现。

(3) 先静后动。了解故障发生过程，查阅资料，从现象、原理开始先动脑再行动。

(4) 先一般后特殊。先考虑最常见的问题原因，再分析很少发生的特殊原因。

这是一般总结，未必与每个企业实际相符合，但思路方向是正确的。

【参考资料】

设备管理经典、规范化的点检体系。

【想做一体】

(1) 轧钢设备常采用管理方法有哪些?

(2) 在PDCA循环管理法中运用哪些方法，能否结合实例解释?

(3) 企业事故常见隐患采用何种管理方法消除和减少?

任务 3.5　编制故障应急计划和维修计划

【导言】

冶金行业设备出现故障尤其是长时间故障，一定会打乱生产秩序，甚至会给企业造成重大经济损失，所以企业必须根据本企业实际情况来确定设备故障应急预案，通过采取相应操作、维修措施，能迅速有效地组织队伍和措施，防止事件进一步蔓延扩大。

【学习目标】

（1）学会制定设备故障应急预案。
（2）熟悉设备处理事故程序和方案。
（3）掌握编制设备点检维修计划的方法。
（4）学会监控设备维修计划的实施。

【工作任务】

（1）学习编制生产线故障应急处理预案。
（2）收集设备运行状况信息。
（3）编制设备点检维修计划、监控设备维修计划的实施。

【知识准备】

3.5.1　设备故障应急预案的内容

3.5.1.1　设备事故应急预案主要内容

总则　说明编制预案的目的、工作原则、编制依据、适用范围等。

组织指挥体系及职责　明确各组织机构的职责、权利和义务。以突发事故应急响应全过程为主线，明确事故发生、报警、响应、结束、后期处理的等环节的主管部门与协作部门；以应急准备及保证机构为支线，明确各参与部门的职责。

预警和预防机制　包括信息监测与报告、预警预防行动、预警支持系统、预警级别及颁布。

应急响应　根据故障的大小和发展动态，确立应急预案，其中规定有应急指挥、应急行动、资源协调、应急避险、扩大应急等相应内容，便于操作人员按照制定好的内容执行急救。

保障措施　包括通信和信息保障，应急支援与装备保障、技术储备与保障、宣传、培训与演习监督等内容。

附则　包括有关术语、定义、预案管理与更新，奖励与责任、制定与解释部门，预案实施、生效时间。

附录　包括相关应急预案，预案总体目录、分预案目录、各种规范化格式文本，相关机构和人员通讯录。

具体内容可根据2004年国务院办公厅发布的《国务院有关部门和单位制定和修订突

发公共事件应急预案框架指南》进行编制。

3.5.1.2 制定轧钢设备应急预案编制方法

应急原则一般包括：基本的原则方针；企业与项目的基本情况；可能发生事故的确定及其影响；应急机构组成后，应明确责任和分工；报警与通讯方式；事故应急救援步骤等七部分的原则。其中以应急响应作为预案的重点部分，应急响应措施制定必须根据设备的不同事故和故障类型来确定，需要及时鉴定故障的危害情况及潜在的危险性。GB 6441《企业职工伤亡事故分类》中将人的不安全行为归纳为操作失误、使用不安全设备等 20 类；将物的不安全状态归纳为防护、保险、信号等装置缺乏或有缺陷。需要员工在平常能有效对应，减低危害产生的效果。

3.5.2 编制设备维修计划及监控维修计划实施

设备维修计划的编制：一般由企业设备管理部门负责编制企业年、季度及月份设备维修计划，经生产、财务管理部门及使用单位会审，主管厂长批准后由企业下发有关单位执行。

3.5.2.1 编制依据

（1）设备的技术状况。设备技术状况信息的主要来源是日常点检、定期检查、状态监测诊断记录等所积累的设备技术状况信息。设备技术状况普查的内容以设备完好标准为基础，视设备的结构、性能特点而定。企业应制定分类设备技术状况，普查典型内容，供实际检查时参考。

设备使用单位机械动力师根据掌握的设备技术状况信息，按规定的期限向设备管理部门上报设备技术状况表。在表中必须提出下年度计划维修类别、主要维修内容、期望维修日期和承修单位。对下年度无须维修的设备也应在表中说明。

（2）产品工艺对设备的要求。向质量管理部门了解近期产品质量的信息是否满足生产要求。

（3）安全与环境保护的要求。根据国家标准或有关主管部门的规定，设备的安全防护要求排放的气体、液体、粉尘等超过有关标准的规定应安排改善维修计划。

（4）设备的维修周期结构和维修间隔期。对实行定期维修的设备，如流程生产设备、自动化生产线设备和连续运转的动能发生设备，本企业规定的维修周期结构和维修间隔期也是编制维修计划的主要依据。

（5）本地区维修市场中承修单位维修技术水平的能力情况。

表 3-9 给出设备维修计划所需的各项内容，在实际应用中注意根据实际情况突出重

表 3-9 设备维修计划表

序号	设备编号	设备名称及型号	设备安装位置	维修项目和主要内容	维修时间	配件及辅助材料	维修人员安排	维修技术要求	维修所需工具	安全注意事项	项目负责人
1											
2											
3											
4											

点和主要内容、维修技术等具体内容，切实提高设备维修计划表使用效果。其中指定维修项目和技术要求需要按照行业作业标准书来确定。

3.5.2.2　监控设备维修计划的实施

（1）实施监控前的各项准备工作。

（2）维修过程监控。

（3）监控设备维修后与生产部门交接内容是否清楚。

3.5.3　案例分析

某厂设备维修计划见表 3-10。

表 3-10　某厂设备维修计划表

设备编号	设备名称及型号	设备安装位置	维修项目和主要内容	维修时间	配件及辅助材料	维修人员安排	维修技术要求	维修所需工具	安全注意事项	项目负责人
A012	JN23-63 吨开式可倾斜压力机	冲锻车间	滑块保险块支撑面修复	2 天	锂基润滑脂、柴油、棉纱	维修工（钳工 4 名）	磨损量的确定、镶嵌的技术要求和接触面精度	宽座直角尺、磁力表、塞尺	工作台垫铁位置平稳	车间主任

（1）工作准备。根据锻压设备的设备说明书来确定日常点检的具体内容，结合维修内容确定。将相关资料收集并记录完成。

（2）工具、材料准备。照相机、笔记本、记号笔和参考资料。

（3）实施。确定问题产生的缘由，设定目标了解相关设备运转情况和停机现象。进行故障分析提出潜在解决办法，制定解决方案和工作进度安排表。

（4）组织实施方案。

（5）检查评价。清理后续具体工作。

【参考资料】

设备故障应急条例、设备故障应急预案编制。

【想做一体】

编制桥式起重机减速器故障应急预案。背景条件是减速器是起重机核心部件，容易发生故障造成无故停车的现象，非常危险。当起重机减速器无法工作时作为点检员你如何解决这样的问题呢？

情境4 企业级轧钢设备点检管理

任务4.1 编制轧钢设备管理点检制度

【导言】

通过设备管理制度，引导企业员工按照标准化、规范化、制度化的要求进行设备点检管理，确保设备正常运转，提高设备综合效率，满足企业生产出优质产品，实现企业的效益最大化，同时培养出一流的设备点检队伍。

【学习任务】

(1) 了解企业对设备管理工作的基本方针和原则。
(2) 明确设备点检主要程序和任务。
(3) 了解编写企业设备管理制度的基本内容和格式。

【工作任务】

能结合管理基本知识编写设备点检管理制度，实现能力提升。

【知识准备】

为规范企业设备管理，提高企业技术装备水平和经济效益，保障设备安全运行，促进企业经济持续发展，国务院发布了《设备管理条例》，明确规定我国设备工作发展基本方针、政策、主要任务和要求；并明确有关部门职责、设备资产管理、设备安全运行管理、设备节约能源管理、设备环境保护管理等法规性文件。因此任何一个企业必须按照《设备管理条例》，结合自身的情况制定有关设备管理制度。

4.1.1 设备管理工作的基本方针和原则

4.1.1.1 设备管理的方针

设备管理必须以效益为中心，坚持依靠技术进步，促进生产经营发展和预防为主的方针。以效益为中心，就是要建立设备管理的良好运行机制，积极推行设备综合管理，加强企业设备资产的优化组合，加大企业设备资产的更新改造力度，挖掘人才资源，确保企业固定资产的保值增值。

设备管理依靠技术进步，设备管理必须坚持为提高生产率、保证产品质量、降低生产成本、保证订货合同期和安全环保，实现企业经济效益服务；必须深化环保管理的改革，建立和完善设备管理的激励机制，企业经营者必须充分认识设备管理工作的地位和作用，尤其重要的是必须保证资产的保值增值，为企业的长远发展提供保障。

坚持“预防为主”的方针就是企业为确保设备持续高效正常运行，防止设备非正常劣化，在依靠检查、状态监测、故障诊断等技术的基础上，逐步向以状态维修为主的维修方式发展。

4.1.1.2 设备管理的原则

我国设备管理要“坚持设计、制造与使用相结合，维护与计划检修相结合，修理、改造与更新相结合，技术管理与经济管理相结合的原则”。

A 设计、制造与使用相结合

设计、制造与使用相结合的原则，是为克服设计制造与使用脱节的弊端而提出来的。这也是应用系统论对设备进行全过程管理的基本要求。

从技术上看，设计制造阶段决定了设备的性能、结构、可靠性与维修性的优劣：从经济上看，设计制造阶段决定了设备寿命周期费用的90%以上，只有从设计、制造阶段抓起，从设备一生着眼，实行设计、制造与使用相结合，才能达到设备管理的最终目标——在使用阶段充分发挥设备效能，创造良好的经济效益。

贯彻设计、制造与使用相结合的原则，需要设备设计制造企业与使用企业的共同努力。对于设计制造单位来说，应该充分调查研究，从使用要求出发为用户提供先进、高效、经济、可靠的设备，并帮助用户正确使用、维修，做好设备的售后服务工作。对于使用单位来说，应该充分掌握设备性能，合理使用、维修，及时反馈信息，帮助制造企业改进设计，提高质量。实现设计、制造与使用相结合，主要工作在基层单位。但它涉及不同的企业、行业，因而难度较大，需要政府主管部门与社会力量的支持与推动。至于企业的自制专用设备，只涉及企业内部的有关部门，结合的条件更加有利，理应做得更好。

B 维护与计划检修相结合

这是贯彻预防为主、保持设备良好技术状态的主要手段。加强日常维护，定期进行检查、润滑、调整、防腐，可以有效地保持设备功能，保证设备安全运行，延长使用寿命，减少修理工作量。但是维护只能延缓磨损、减少故障，不能消除磨损、根除故障。因此，还需要合理安排计划检修（预防性修理），这样不仅可以及时恢复设备功能，而且还可为日常维护保养创造良好条件，减少维护工作量。

C 修理、改造与更新相结合

这是提高企业装备素质的有效途径，也是依靠技术进步方针的体现。
在一定条件下，修理能够恢复设备在使用中局部丧失的功能，补偿设备的有形磨损，它具有时间短、费用省、比较经济合理的优点。但是如果长期原样恢复，将会阻碍设备的技术进步，而且使修理费用大量增加。设备技术改造是采用新技术来提高现有设备的技术水平，设备更新则是用技术先进的新设备替换原有的陈旧设备。通过设备更新和技术改造，能够补偿设备的无形磨损，提高技术装备的素质，推进企业的技术进步。因此，企业设备管理上作不能只搞修理，而应坚持修理、改造与更新相结合。许多企业结合提高质量、发展品种、扩大产量、治理环境等目标，通过“修改结合”、“修中有改”等方式，有计划地对设备进行技术改造和更新，逐步改变了企业的设备状况，取得了良好的经济效益。

D 专业管理与群众管理相结合

专业管理与群众管理相结合，这是我国设备管理的成功经验，应予继承和发扬。

首先，专业管理与群众管理相结合有利于调动企业全体职工当家做主，参与企业设备管理的积极性。只有广大职工都能自觉地爱护设备、关心设备，才能真正把设备管理搞好，充分发挥设备效能，创造更多的财富。

其次，设备管理是一项综合工程，涉及的技术复杂——机械、电子、电气、化工、仪表等。环节战线长从设计制造、安装调试、使用维修到改造更新；部门多——牵涉到计划、财务、供应、基建、生产、工艺、质量等部门；人员广——涉及广大操作工、维修工、技术人员、管理干部等。必须既有合理分工的专业管理，又有广大职工积极参与的群众管理，两者互相补充，才能收到良好的成效。

E　技术管理与经济管理相结合

设备存在物质形态与价值形态两种运动。根据这两种形态的运动而进行的技术管理和经济管理是设备管理不可分割的两个侧面，也是提高设备综合效益的重要途径。

技术管理的目的在于保持设备技术状态完好，不断提高它的技术素质，从而获得最好的设备输出（产量、质量、成本、交货期等）；经济管理的目的在于追求寿命周期费用的经济性。技术管理与经济管理相结合，才能保证设备取得最佳的综合效益。

4.1.2　轧钢设备点检管理内容

4.1.2.1　轧钢设备点检管理制度

通过强化设备点检制全面贯彻执行，巩固和深化设备管理，保证设备安全、可靠、经济运行，以达到减少设备故障，降低维修费用的目标，特制定本管理制度。

4.1.2.2　适用范围

本制度适用于本厂全部所属设备的点检管理。

4.1.2.3　组织机构

（1）厂长是设备点检管理工作的第一领导者、管理者和责任者。

（2）厂设备科是设备点检日常工作管理和考核的职能部门，内设点检站和专职点检员。

（3）各作业区区长兼本作业区点检作业长。

（4）各作业区下设点检责任员及兼（专）职点检员。

4.1.2.4　职责

（1）厂设备科点检站负责全厂设备点检工作的管理和考核。

（2）各作业区负责所辖区域设备点检工作的执行和推广。

（3）维检中心负责厂设备专业点检的实施。

4.1.2.5　点检管理的内容及要求

A　点检制的特点

（1）生产工人负责日常管理。

（2）有一支从事点检工作的专业点检员队伍，按设备分区进行管理。

（3）有一套科学的点检基准、业务流程、合理的责权关系和推进工作的组织体系。

（4）有比较完善的仪器、仪表检测手段和现代化的维修设施。

（5）推行以作业区长为责任主体的现代化基层管理模式。

B　点检的“五定”要求

（1）定点：要详细设定设备应检查的部位、项目及内容，做到有目的、有方向地实施点检作业。

（2）定法：对检查项目确定明确的检查方法，即是采用“五官”判别，还是借助于简单的工具、仪器进行判别。

（3）定标：即检测标准，作为衡量和判别检查部位是否正常的依据。

（4）定期：设定点检周期（对主要、关键设备和重点检查部位等）。

（5）定人：明确点检项目的实施人员。

C　点检的分类及分工

（1）按点检的周期划分。日常点检由岗位操作人员或岗位维修工承担。短周期点检由专职点检员承担。长周期点检由专职点检员提出，委托检修部门实施。精密点检由专职点检员提出，委托专业管理部门或检修部门实施。重点点检是当设备运行到一定周期或发生疑点时，对设备进行的解体检查或精密点检。

（2）按分工划分。操作点检由岗位操作工承担。专业点检由专业点检、维修人员承担。

（3）按点检方法划分。按点检方法可分为解体点检和非解体点检。

（4）按点检种类划分。按点检种类可分为良否点检和倾向点检。

D　日常点检工作的主要内容

（1）设备点检：依靠五感（视、听、嗅、味、触）进行点检。

（2）小修理：小零件的修理和更换。

（3）紧固、调整：弹簧、皮带、螺栓、制动器及限位器等的紧固和调整。

（4）清扫：隧道、地沟、工作台及各设备的非解体清扫。

（5）给油脂：给油脂专业的补油和给油部位的加油。

（6）排水：集汽包、贮气罐等排水。

（7）使用记录：点检内容及检查结果作记录。

E　短周期点检的主要内容和要求

（1）短周期点检是为了预测设备内部情况，点检人员靠人的五感或借助于简单器具、仪器、仪表对设备重点部位详细地进行静（动）态的外观检查和内部检查，掌握设备劣化状态，以判断其修理和调整的必要性。

（2）短周期的重要点检：专职点检人员对日常点检中的重点项目重复进行详细外观点检，用比较的方法确定设备内部工作情况。

（3）短周期的点检周期一般不超过一个月。

F　长周期点检的主要内容和要求

（1）长周期点检是为了了解设备磨损情况和劣化倾向对设备进行的详细检查，周期一般在一个月以上。

(2) 在线解体检查是按规定的周期，在生产线停机情况下进行全部或局部的解体，并对机件进行详细测量检查，以确定其磨损变形的程度。

(3) 离线解体检查是有计划地或故障损坏时对更换下来的单体设备或部分设备、重要部件进行离线解体检查后，作为备品循环使用。

G 仪器、仪表点检

用精密仪器、仪表对设备进行综合性测试检查，或在不解体的情况下运用诊断技术、用特殊仪器、工具或特殊方法测定设备的振动、应力、温升、电压等物理量，通过对测得的数据进行分析比较，定量地确定设备的技术状况和劣化倾向程度，以判断其修理和调整的必要性。

H 重点点检的内容

(1) 设备的非解体定期检查。

(2) 设备解体检查。

(3) 劣化倾向检查。

(4) 设备的精度测试。

(5) 系统的精度检查及调整。

(6) 油箱、油脂的定期成分分析及更换、添加。

I 建立设备的“五层”防护线

(1) 操作人员的日常点检。通过点检，发现异常除通知专业人员外，还能自己处理。

(2) 专职点检人员的专业点检。主要依靠五官或借助某些仪器，对重点设备实行倾向检查管理，发现和消除隐患，分析排除故障，组织故障修复（在以上两层防护线基础上，定期对设备严格检查、测定、调整和分析）。

(3) 专业技术人员的精密点检及精度测试检查。

(4) 设备的技术诊断。在运转或不解体情况下，对设备进行定量的测试，帮助专业点检人员作出决策。

(5) 设备维修。摸清设备的劣化规律，减缓劣化进度和延长机件寿命。同时，建立一支高技术、高责任心的维修队伍，应对设备突发故障，保证设备维修质量，以延缓设备的劣化速度。

4.1.2.6 点检作业中的主要内容及职责

A 操作点检

(1) 在当班时间内，每四小时一次，按各岗位设备点检标准和点检规程实施点检作业，并按要求认真做好记录。

(2) 当班时间内点检发现问题或隐患、影响安全和生产时，能自行处理的要立即组织处理，或主动与维修人员联系协同处理，并做好记录。处理不了的应及时报告调度室、作业区领导和维检单位，并将发现问题、处理情况及处理人员认真记录。

(3) 当班点检发现的问题未能处理的，必须向下一班交代清楚，不准隐瞒。

(4) 当班时间内对于重点设备、非关键部位存在的问题，因客观原因暂时解决不了而又不影响正常生产的，需经作业区和主管领导同意，并采取必要的预防措施，可维持运行。

（5）负责协助对当班时间内发生的设备事故，进行事故调查和原因分析，并及时组织、协调和配合处理。

（6）各岗位必须向作业区点检责任员汇报每天的设备点检实绩情况，反馈当班时间内点检发现和存在的问题及处理建议。

（7）加强当班时间内的设备维护与保养，并按给油脂计划和标准进行润滑作业。

（8）负责组织、监督清理当班所属设备区域卫生。

（9）根据分工原则进行当班所属小件设备的更换和简单的调整工作。

B　专业点检

（1）编制本区域设备点检标准、点检计划和规程。

（2）每日 12 时前，按点检计划和规程对所辖区域设备，认真进行点检作业，并做好记录。

（3）负责对岗位操作工、设备维修工进行点检业务指导，并督促和检查，每天须查阅岗位操作工和设备维修工的点检作业实绩及有关部门记录，有问题时要查明情况并及时进行处理。

（4）根据设备状态及备件库存情况，编制备件、材料、采购计划。并落实到货情况及检查质量情况，做好记录和联系工作。

（5）根据点检结果和维修需要，编制维修费用预算计划，做到合理使用控制。

（6）编制检修项目计划，并认真组织实施。在施工组织中认真执行三方共同确认的挂牌制度确保安全施工。

（7）收集设备状态信息，及时对设备进行劣化倾向管理，定量分析，掌握设备的动行规律。

（8）根据点检内容和设备的实际状态编制有关点检实施的各类计划。并按 PDCA 循环法，认真组织实施。

（9）对有关点检定修等方面的各种计划和会议做好实绩记录，及时进行统计分析。

（10）必须确保每天半日现场的点检作业时间（抢修、处理事故除外）。应携带规定的和必要的工器具到岗位点检，并进行相应的螺栓紧固、调整及加油等工作。

图 4-1 所示为设备整体点检系统图。

C　收集各类有关的信息数据进行分析处理

（1）整理点检作业实施中的点检结果。

（2）收集岗位操作人员和设备维修人员提供的设备信息。

（3）收集所管辖区域内的设备故障的信息。收集委托施工部门或专业部门进行的解体点检、精密点检、检测诊断的信息。

（4）根据点检信息，修订设备点检标准、给油脂标准，调整点检计划。

（5）根据点检结果和设备运行周期，编制与修订大、中修工程项目表。

（6）根据设备状态信息，修改和补充备件、材料需用计划。

（7）根据点检信息分析，对设备整定值、有关参数和定修计划提出修改意见。

（8）认真统计和收集设备检修各子项目工时定额的基础资料。根据各岗位实际工作状

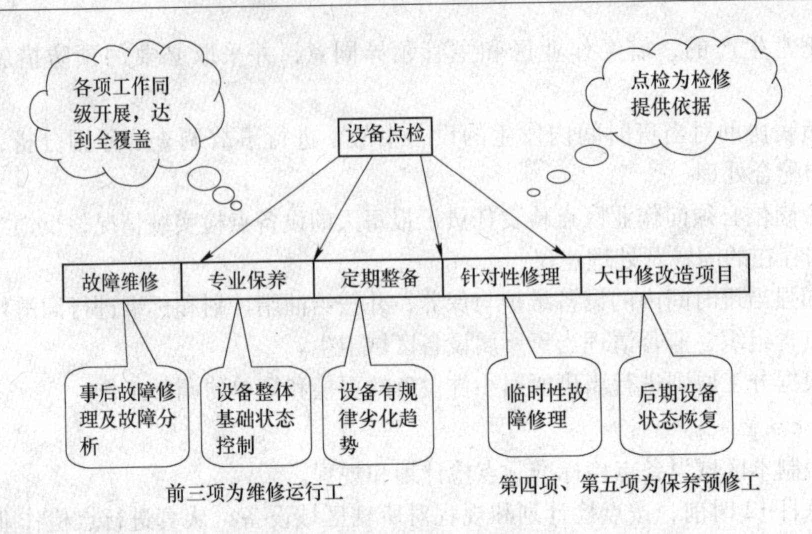

图4-1　设备整体点检系统图

况和需求，对相关管理制度，提出改进意见。

(9) 对关键及重要设备要建立设备档案、定期归档；参加设备事故分析、处理，提出修复、预防及改善设备性能的意见和建议。提供维修记录，进行有关故障、检修、费用方面的实绩分析，提出改善设备的对策和建议。

(10) 对岗位操作人员正确使用设备进行监督检查，发现问题及时纠正和处理，并适时有针对性地组织学习设备的操作规程。

D　设备科点检站

(1) 负责贯彻、执行上级部门的规章制度，制定本厂点检工作的各项规程和办法。

(2) 监督、检查、考核各作业区设备点检工作开展情况，审定本单位点检工作标准。

(3) 负责进行本厂点检业务指导、业务培训和业务考核工作。

(4) 掌握本厂设备的开动率、设备事故、故障停机率、设备维修费用等计划指标的完成情况，对杜绝发生特大、重大设备事故负责。

(5) 每旬召开一次点检工作例会，并形成制度。

(6) 按时向上级主管部门和各主要领导汇报点检工作实绩。

E　点检发现问题的处理

(1) 对设备点检作业中发现的一般安全和故障隐患，在不影响正常安全生产和不停机处理的情况下，应通知相关部门和人员到现场，同时要采取有效的防护措施，并做好详细记录。

(2) 对设备点检作业中发现的一般安全和故障隐患，必须停机处理时，应及时汇报作业区、设备科和厂调度室，由上级主管部门和人员协调处理，不许擅自做主，并做好记录。

(3) 对设备点检作业中发现的一般安全和事故隐患，不须立即停机处理，又不影响正常安全生产和设备运转时，要及时汇报有关部门和人员，说明原因和做好记录。由作业区和设备科，与厂调度室联系，利用生产工艺停当时间处理或纳入定修计划处理。

(4) 对点检作业中发现的影响安全生产和设备正常运行的重大故障及事故隐患，应立即汇报设备专务、设备科长、厂调度室和作业区区长，进行紧急停机处理，并做好记录。

（5）夜班设备点检发现的一般问题及时汇报厂调度室并做好记录。由当班调度值班长统一做出处理决定，并签字确认。

（6）点检发现的一般问题和突发故障的紧急处理，由厂调度室统一指挥、协调和安排，各作业区维检单位和岗位人员共同承修。

F　点检考核的主要内容

各作业区要按规定时间、规定内容和规定标准进行动、静态点检和监测，并做好记录。未按时点检与监测而发生设备故障，又无点检记录，视情节轻重给予考核。日常点检发现的一般隐患和问题未及时安排处理，又未采取有效的防护措施，而导致故障扩大或造成设备事故，给予加倍考核。重大隐患一经发现，应及时采取防范措施，通知各部门共同协商解决，并做好记录，未解决前该设备严禁运行。

G　点检记录的管理和考核内容

（1）点检记录本（卡、表）由设备科点检站统一印制和发放。

（2）各作业区负责点检记录的填写、统计和保管，要求记录必须真实详细。记录保管不当和弄虚作假，将视情节给予考核。

（3）设备科点检站要每天和定期对各作业区的相关点检记录执行情况，进行检查、指导、监督和考核。

（4）点检记录不规范，填写与设备点检无关的内容，漏填、错填、不签名或挪作他用，将给予相应的考核。

（5）专业点检人员检查发现设备实际情况与点检记录不符时，将给予必要的考核。

H　设备点检管理考核办法

a　目的

为了进一步加强厂设备点检管理工作，促进和推广设备点检制度的全面贯彻落实，激发各作业区的领导意识和重视程度，发挥基层点检责任员的聪明才智和主观能动性，增强广大职工的责任心和积极性，避免和减少责任事故的发生，提高设备综合运转率，真正做到有责任、有落实、有奖罚。同时，根据上级主管领导、部门和本厂的要求，制定本考核办法。

b　适用范围

本办法适用于废钢厂所属各作业区设备点检管理。

c　职责

（1）设备科具有对本办法落实和考核的职能。

（2）本办法主要针对各作业区点检作业长和责任员制定。

d　考核内容和办法

可根据企业实际情况来确定相应考核内容和办法，在此不一一赘述。

【参考资料】

设备管理条例、轧钢车间设备管理条例、企业设备管理知识。

【想做一体】

（1）制定设备管理的基本目的是什么？

（2）编写轧钢车间设备润滑管理规定。

（3）结合企业实际情况编写设备管理方法。

任务 4.2　TPM（全员参与设备保养与维护）管理模式知识应用

【导言】

我国市场经济日益发展，竞争非常激烈，经济效益提高越来越依靠人的素质提高，特别是管理者素质的提高。管理科学是提高企业效益的根本途径，如何在生产中降低成本一直是企业界的一个重要目标，如何有效地利用工厂里的各种生产设备是其中最重要的因素之一。TPM 是一种有助于非常有效地使用生产设备的管理方式，作为设备管理者必须对此理论加以认识和了解。TPM 所涉及的不仅仅是设备，而是人、设备和工作环境的有机整体，这种整体联系不仅要求设备不产生功能故障，而且其他方面也有要求，如较少的工装和机构调整时间、较高的加工稳定性以及操作和维修的方便性等。因此设备一定要保养好，要不断查出设备的薄弱部位，找出原因并排除之。这些工作不能仅由设备管理人员承担，设备操作人员也必须大力积极地参与，这是提高企业改革和发展的根本途径。

【学习目标】

（1）了解全员设备管理与维护的集体内涵。

（2）掌握全员设备管理与维护的主要活动。

（3）掌握全员设备管理与维护流程。

【工作任务】

能结合 PTM 知识推行全员设备管理与维护管理的方案

【知识准备】

4.2.1　TPM 的内涵

4.2.1.1　基本概念

TPM 是 Total Productive Maintenance 第一个字母的缩写，本意是“全员参与的生产保全”，也称为“全员维护”，即通过员工素质与设备效率的提高，使企业在设备管理体质得到根本性改善。

它的基本思路是对系统进行功能与故障分析，明确系统内各故障的后果；用规范化的逻辑决断方法，确定出各故障后果的预防性对策；通过现场故障数据统计、专家评估、定量化建模等手段在保证安全性和完好性的前提下，以维修停机损失最小为目标优化系统的维修策略。

A　TPM 的特点

（1）全效率。指设备寿命周期费用评价和设备综合效率。

（2）全系统。指生产维修系统的各个方法都要包括在内。

（3）全员参加。指设备的计划、使用、维修等所有部门都要参加，尤其注重的是操作者的自主小组活动。

B TPM全员预防目的

TPM的目标可以概括为四个“零”，即停机为零、废品为零、事故为零、速度损失为零。

（1）停机为零。指计划外的设备停机时间为零。计划外的停机对生产造成冲击相当大，使整个生产品配发生困难，造成资源闲置等浪费。计划时间要有一个合理值，不能为了满足非计划停机为零而使计划停机时间值达到很高。

（2）废品为零。指由设备原因造成的废品为零。“完美的质量需要完善的机器”，机器是保证产品质量的关键，而人是保证机器好坏的关键。

（3）事故为零。指设备运行过程中事故为零。设备事故的危害非常大，影响生产不说，可能会造成人身伤害，严重的可能会“机毁人亡”。

（4）速度损失为零。指设备速度降低造成的产量损失为零。由于设备保养不好，设备精度降低而不能按高速度使用设备，等于降低了设备性能。

C 推行TPM的要素

推行TPM要从三大要素上着手，这三大要素是：

（1）提高工作技能。不管是操作工，还是设备工程师，都要努力提高工作技能，没有好的工作技能，全员参与将是一句空话。

（2）改进精神面貌。精神面貌好，才能形成好的团队，共同促进，共同提高。

（3）改善操作环境。通过5S（整理、整顿、清扫、清洁、员工素养提升）等活动，使操作环境良好，一方面可以提高工作兴趣及效率，另一方面可以避免一些不必要设备事故。现场整洁，物料、工具等分门别类摆放，也可使设置调整时间缩短。

D TPM开展步骤

具体开展过程可分为3个阶段，10个具体步骤，见表4-1。

表4-1 TPM开展过程阶段

阶段	步骤	主要内容
准备阶段	1	TPM引进宣传和人员培训，按不同层次进行不同的培训
	2	建立TPM推进机构，成立各级TPM推进委员会和专业组织
	3	制定TPM基本方针和目标，提出基准点和设定目标结果
	4	制定TPM推进总计划
引进实施阶段	5	制定提高设备综合效率的措施，选定设备，由专业指导小组协助改善
	6	建立自主维修程序
	7	做好维修计划
	8	提高操作和维修技能的培训
	9	建立设备初期的管理程序
巩固阶段	10	总结提高，全面推行TPM，总结评估，找差距，制定更高目标

4.2.1.2 准备阶段

此阶段主要是制定 TPM 计划，创造一个适宜的环境和氛围。可进行如下四个步骤的工作。

(1) TPM 引进宣传和人员培训。主要是向企业员工宣传 TPM 的好处，可以创造的效益，教育员工要树立团结概念，打破“操作工只管操作，维修工只管维修”的思维习惯。

(2) 建立组织机构推动。TPM 成立推进委员会，范围可从公司级到工段级、层层指定负责人，赋予权利、责任，企业、部门的推进委员会最好是专职的脱产机构，同时还可成立各种专业的项目组，对 TPM 的推行进行指导、培训、解决现场推进困难的问题。

(3) 建立基本的 TPM 策略和目标。TPM 的目标主要表现在三个方面：

1) 目的是什么 (what)；

2) 量达到多少 (how much)；

3) 时间表 (when)。

什么时间在哪些指标上达到什么水平，考虑问题顺序可按照如下方式进行：外部要求→内部问题→基本策略→目标范围总目标。

(4) 建立 TPM 推进总计划。制定一个全局的计划，提出口号，使 TPM 能有效地推行下去。逐步向四个“零”的总目标迈进。计划的主要内容体现在以下的五个方面：

1) 改进设备综合效率；

2) 建立操作工人的自主维修程序；

3) 质量保证；

4) 维修部门的工作计划表；

5) 教育及培训、提高认识和技能。

4.2.2 引进实施阶段

此阶段主要是制定目标，落实各项措施，步步深入开展工作，可进行如下五方面的工作。

4.2.2.1 制定提高设备综合效率的措施

成立各专业项目小组，小组成员包括设备工程师、操作员及维修人员等。项目小组有计划地选择不同种类的关键设备，抓住典型总结经验，起到以点带面的作用。

项目小组要帮助基层操作小组确定设备点检和清理润滑部位，解决维修难点，提高操作工人的自主维修信心。

4.2.2.2 建立自主维修程序

首先要克服传统的“我操作，你维修”的分工概念，要帮助操作工人树立起“操作工人能自主维修，每个人对设备负责”的信心和思想。

推行 5S 活动，并在 5S 的基础上推行自主维修“七步法”，见表 4-2。

表 4-2 自主维修“七步法”

序 号	名 称	内 容
1	初始清洁	清理灰尘，搞好润滑，紧固螺丝
2	制定对策	防止灰尘、油泥污染，改进难以清理部位的状况，减少清洁困难
3	建立清洁润滑标准	逐台设备、逐点建立合理的清洁润滑标准
4	检查	按照检查手册检查设备状况，由小组长引导小组成员进行各检查项目
5	自检	建立自检标准，按照自检表进行检查，并参考维修部门的检查表改进小组的自检标准。树立新目标和维修部确定不同检查范畴的界限，避免重叠和责任不明
6	整理和整顿	制定各个工作场所的标准，如清洁润滑标准，现场清洁标准，数据记录标准，工具、部件保养标准等
7	自主维修	工人可以自觉、熟练地进行自主维修，自信心强，有成就感

4.2.2.3 做好维修计划

维修计划指的是维修部门的日常维修计划，这要和小组的自主维修活动结合进行。并根据小组的开展情况对维修计划进行研究及调整。最好是生产部经理与设备科长召开每日例会，随时解决生产中出现的问题，随时安排及调整维修计划。

4.2.2.4 提高操作和维修技能的培训

培训是一种多倍回报的投资，不但要对操作人员的维修技能进行培训，而且也要对他们进行操作技能的培训。培训要对症下药，因材施教，有层次地进行培训。见表 4-3。

表 4-3 培训计划一览表

培训对象	培训内容
工段长等有经验的工人	培训维修应用技术、管理技能、基本的设计修改技术
高级操作工	学习基本维修技能、故障诊断与修理
初级操作工	学习基本操作技能

4.2.2.5 建立设备初期的管理程序

设备负荷运行中出现的不少问题往往在设备设计、制造、安装、试运行阶段就已隐藏。因此设备前期管理要考虑维修预防，在设备选型、安装、调试及试运行阶段，根据试验结果和出现的问题改进设备，其具体目标是：

(1) 在设备投资规划的限度内争取达到最高水平。

(2) 减少从设计到稳定运行的周期。

(3) 工作负荷小。

(4) 保证设计在可靠性、维修性、经济运行和安全性方面都达到最高水平。

4.2.2.6 巩固阶段

此阶段主要是检查评估 TPM 的结果。改进不足并制定下一步更高的目标。为企业创造更大的效益。

4.2.3 TPM 的流程管理图及效果评估内容

4.2.3.1 TPM 的流程管理图

在实施 TPM 管理系统时具体要做好以下几个环节的工作，首先是教育与培训环节，企业应重视开展全员培训，结合企业的实际展开公司目标的贯彻与运转。转变员工的思想，进行持之以恒的活动开展。其次是自主维护环节，企业要求员工实施自主维护管理办法，务必实现初期清扫、制定保全标准、制定总点检可视化标准，培训员工，确定执行方案，将点检结果纳入故障分析系统，不断自主改善。再次是对设备维护方面做出分级保养具体计划和方案。最后是对设备早期管理和供应商管理做出全面的管理规划。其具体流程如图 4-2 所示。

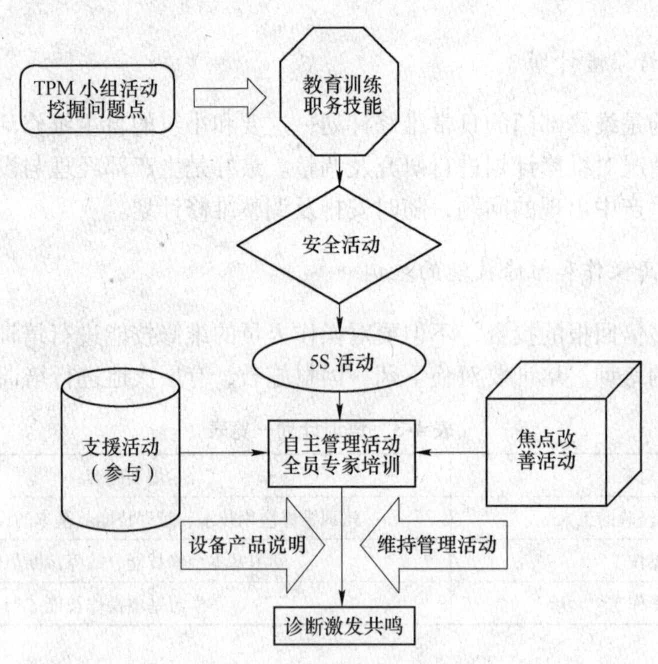

图 4-2 TPM 的流程管理图

4.2.3.2 TPM 效果评估内容

TPM 主要是对设备运行水平及全员设备管理与维护的效果评估。其中主要的评价指标是设备综合效率。设备综合效率是把现有设备的时间、速度和合格品率的情况综合起来，用以衡量增加创造价值时间方面所作的贡献大小。

其主要的目的是确定改进目标，确定改进的优先次序，明确改进重点，评价实施活动具体效果。在 TPM 里把这种行动转换成为重复小组的展开活动，TPM 小组织活动就是 TPM 的目的。

A 小组活动的主要内容

（1）根据企业 TPM 总计划，制定本小组的努力目标。

（2）提出减少故障停机的建议和措施，提出个人完成的目标。

（3）认真填写设备状态记录，对实际情况进行分析研究。

（4）定期开会，评价目标完成情况。

（5）评定成果并制定新目标。

小组活动在各个阶段是有所侧重的，TPM实施初期，以清洁、培训为主。中期以维修操作为主，后期以小组会议、检查和自主维修为主。

B 小组活动的行为科学思想

小组活动的目标和公司的目标一致，完成公司的目标变成每一员工的需要，此点能否做好，主要看管理思想。“权威性”的管理模式只注重生产变量，习惯以“规则”“命令”管理企业，员工对上级有惧怕心理，这种管理只能在短期内提高生产率。

“参与型”管理比较注意人的利益，成就感，上进心，生产率的提高是长期的，好的管理应该是将“权威型”与“参与型”结合起来。但要以“参与型”为主。

C TPM小组活动方法

（1）活动内容有：STEP活动，MY-Machine活动，Sub课题的改善活动，One Point Lesson教育等。

（2）在正常工作时间自律地进行，没有另指定活动时间，小组全员推进大清扫，改善作业的实施等。

（3）最好组织好次/月左右的小组及次/周以上周期的现场活动。

（4）在定期活动时确认计划对比进行实绩，讨论下次活动计划，在活动中讨论问题点及改善提案。

D 小组活动的评价

（1）自我发展阶段。自觉要求掌握技术，有自信心。

（2）改进提高阶段。不断改进工作及技术，有成就感。

（3）解决问题阶段。目标与企业目标互补，自觉解决问题。

（4）自主管理阶段。设定小组更高目标，独立自主工作。

通过上述学习活动要求将设备的操作人员也当做设备维修中的一项要素，这就是TPM的一种创新。那种“我只负责操作”的观念在这里不再适用了。例行的日常维修核查、少量的调整作业、润滑以及个别部件的更换工作都成了操作人员的责任。在操作人员的协助下，专业维修人员则主要负责控制设备的过度耗损和主要停机问题。甚至是在不得不聘请外部或工厂内部维修专家的情况下，操作人员也应在维修过程中扮演显著角色，这就是TMP活动成功之处。

【参考资料】

设备管理条例、轧钢车间设备管理条例、企业设备管理知识。

【想做一体】

（1）制定设备管理的基本目的是什么？

（2）编写轧钢车间设备润滑管理规定。

（3）结合企业实际情况，编写设备管理方法。

附录　轧钢生产安全标准一览表

考评类目	考评项目	考评内容	标准分值	考评办法	自评/评审描述	实际得分
1. 安全生产目标	1.1 目标	应建立安全生产目标的管理制度，明确目标与指标的制定、分解、实施、考核等环节内容	2	无该项制度的，不得分；未以文件发布生效的，不得分；安全生产目标管理制度缺少制定、分解、实施、绩效考核等任一环节内容的，扣1分；未能明确相应环节的责任部门或责任人或相应责任的，扣1分		
		应按照安全生产目标管理制度的规定，制定文件化的年度安全生产目标与指标	2	无年度安全生产目标与指标计划的，不得分；安全生产目标与指标未以企业正式文件颁发的，视为没有，不得分		
	1.2 监测与考核	应根据所属基层单位和部门在安全生产中的职能，分解年度安全生产目标，并制定实施计划和考核办法	2	无年度安全生产目标与指标分解的，不得分；无实施计划或考核办法的，不得分；实施计划无针对性的，不得分；缺一个基层单位和职能部门的指标实施计划或考核办法的，扣1分		
		应按照制度规定，对安全生产目标和指标实施计划的执行情况进行监测，并保存有关监测记录资料	3	无安全目标与指标实施情况的检查或监测记录的，不得分；检查和监测不符合制度规定的，扣1分；检查和监测资料不齐全的，扣1分		
		应定期对安全生产目标的完成效果进行评估和考核，及时调整安全生产目标和指标的实施计划。 评估报告和实施计划的调整、修改记录应形成文件并加以保存	3	未定期进行效果评估和考核的（含无评估报告），不得分；未及时调整实施计划的，不得分；调整后的目标与指标以及实施计划未以文件形式发布的，扣1分；记录资料保存不齐全的，扣1分		
小计			12	得分小计		
2. 组织机构和职责	2.1 组织机构和人员	应建立设置安全管理机构、配备安全管理人员的管理制度	2	无该项制度的，不得分；未以文件发布生效的，不得分；与国家、地方等有关规定不符的，扣1分		
		应按照相关规定设置安全管理机构或配备安全管理人员	2	未设置或配备的，不得分；未以文件进行设置或任命的，不得分；设置或配备不符合规定的，不得分		

续表

考评类目	考评项目	考评内容	标准分值	考评办法	自评/评审描述	实际得分
2. 组织机构和职责	2.1 组织机构和人员	应根据有关规定和企业实际，设立安全生产委员会或安全生产领导机构	2	未设立的，不得分；未以文件任命的，扣1分；未包括主要负责人、部门负责人等的，扣1分		
		安委会或安全生产领导机构应定期开会，协调解决安全生产问题。会议纪要中应有工作要求并保存	3	未定期开会的，不得分；无会议记录的，扣2分；未跟踪上次会议工作要求的落实情况的或未制订新的工作要求的，不得分；有未完成且无整改措施的，每一项扣1分		
	2.2 职责	应建立针对安全生产责任制的制定、沟通、培训、评审、修订及考核等环节内容的管理制度	2	无该项制度的，不得分；未以文件发布生效的，不得分；制度中每缺一个环节内容的，扣1分		
		应建立、健全安全生产责任制，并对落实情况进行考核	2	无安全生产责任制，不得分；未以文件发布生效的，不得分；每缺一个纵向、横向安全生产责任制，扣1分；责任制内容与岗位工作实际不相符的，扣1分；没有对安全生产责任制落实情况进行考核的，扣1分		
		应对各级管理层进行安全生产责任制与权限的培训	2	无该培训的，不得分；无培训记录的，不得分；每缺少一人培训的，扣1分；抽查人员责任制不清楚的，每人扣1分		
		应定期对安全生产责任制进行适宜性评审与更新	3	未定期进行适宜性评审的，不得分；没有评审记录的，不得分；评审、更新频次不符合制度规定的，每缺一次扣2分；更新后未以文件发布的，扣2分		
小计			18	得分小计		
3. 安全投入	3.1 安全生产费用	应建立安全生产费用的管理制度	2	无该项制度的，不得分；制度中职责、流程、范围、检查等内容，每缺一项扣0.5分		
		应足额提取安全生产费用，专款专用，并建立安全生产费用使用台账	4	未足额提取安全生产费用的，不得分；财务报表中无安全生产费用归类统计管理的，扣2分；无安全费用使用台账的，不得分；台账不完整齐全的，扣1分		

续表

考评类目	考评项目	考评内容	标准分值	考评办法	自评/评审描述	实际得分
3. 安全投入	3.1 安全生产费用	应制定包含以下方面的安全生产费用的使用计划： (1) 完善、改造和维护安全防护设备设施； (2) 安全生产教育培训和配备劳动防护用品； (3) 安全评价、重大危险源监控、事故隐患评估和整改； (4) 职业危害防治，职业危害因素检测、监测和职业健康体检； (5) 设备设施安全性能检测检验； (6) 应急救援器材、装备的配备及应急救援演练； (7) 安全标志及标识； (8) 其他与安全生产直接相关的物品或者活动	8	无该使用计划的，不得分；计划内容缺失的，每缺一个方面扣1分；未按计划实施的，每一项扣1分；有超范围使用的，每次扣2分		
	3.2 工伤保险	应建立员工工伤保险的管理制度	2	无该项制度的，不得分；未以文件发布生效的，扣1分		
		应缴纳足额的工伤保险费	3	未缴纳的，不得分；无缴费相关资料的，不得分		
		应保障受伤员工获取相应的工伤保险与赔付	5	有关工伤保险评估、年费、返回资料、赔偿等资料不全的，每一项扣2分；未进行工伤等级鉴定的，不得分；工伤等级鉴定每少一人，扣2分；赔偿每一人不到位的，本项目不得分		
小计			24	得分小计		
4. 法律法规与安全管理制度	4.1 法律法规、标准规范	应建立识别、获取、评审、更新安全生产法律法规与其他要求的管理制度	2	无该项制度的，不得分；缺少识别、获取、评审、更新等环节要求以及部门、人员职责等内容的，扣1分；未以文件发布生效的，扣1分		
		各职能部门和基层单位应定期识别和获取本部门适用的安全生产法律法规与其他要求，并向主管部门汇总	3	每少一个部门和基层单位定期识别和获取的，扣1分；未及时汇总的，扣1分；未分类汇总的，扣1分		

续表

考评类目	考评项目	考评内容	标准分值	考评办法	自评/评审描述	实际得分
4. 法律法规与安全管理制度	4.1 法律法规、标准规范	企业应按照规定定期识别和获取适用的安全生产法律法规与其他要求，并发布其清单	3	未定期识别和获取的，不得分；工作程序或结果不符合规定的，每次扣1分；无安全生产法律法规与其他要求清单的，不得分；每缺一个安全生产法律法规与其他要求文本或电子版的，扣1分		
		应及时将识别和获取的安全生产法律法规与其他要求融入到企业安全生产管理制度中	4	未及时融入的，每项扣2分；制度与安全生产法律法规与其他要求不符的，每项扣2分		
		应及时将适用的安全生产法律法规与其他要求传达给从业人员，并进行相关培训和考核	4	未培训考核的，不得分；无培训考核记录的，不得分；每缺少一项培训和考核，扣1分		
	4.2 规章制度	应建立文件的管理制度，确保安全生产规章制度和操作规程编制、发布、使用、评审、修订等效力	2	无该项制度的，不得分；未以文件发布的，不得分；缺少环节内容的，每项扣1分		
		应按照相关规定建立和发布健全的安全生产规章制度，至少包含下列内容：安全目标管理、安全生产责任制管理、法律法规标准规范管理、安全投入管理、文件和档案管理、风险评估和控制管理、安全教育培训管理、特种作业人员管理、设备设施安全管理、建设项目安全“三同时”管理、生产设备设施验收管理、生产设备设施报废管理、施工和检维修安全管理、危险物品及重大危险源管理、作业安全管理、相关方及外用工（单位）管理、职业健康管理、劳动防护用品（具）和保健品管理、安全检查及隐患治理、应急管理、事故管理、安全绩效评定管理等	10	未以文件发布的，不得分；每缺一项制度，扣1分；制度内容不符合规定或与实际不符的，每项制度扣1分；无制度执行记录的，每项制度扣1分		
		应将安全生产规章制度发放到相关工作岗位，并对员工进行培训和考核	4	未发放的，扣2分；无培训和考核记录的，不得分；每缺少一项培训和考核的，扣1分		

续表

考评类目	考评项目	考评内容	标准分值	考评办法	自评/评审描述	实际得分
4. 法律法规与安全管理制度	4.3 操作规程	应基于岗位生产特点中的特定风险的辨识，编制齐全的岗位安全操作规程	4	无岗位安全操作规程的，不得分；岗位操作规程不齐全的，每缺一个，扣1分；内容没有基于特定风险分析、评估和控制的，每个扣1分		
		应向员工下发岗位安全操作规程，并对员工进行培训和考核	4	未发放至岗位的，不得分；每缺一个岗位的，扣1分；无培训和考核记录等资料的，不得分；每缺一个培训和考核的，扣1分		
		编制的安全规程应完善、适用，员工操作要严格按照操作规程执行	4	岗位操作规程不适用或有错误的，每个扣1分；现场发现违背操作规程的，每人次扣1分		
	4.4 评估	应每年至少一次对安全生产法律法规、标准规范、规章制度、操作规程的执行情况和适用情况进行检查、评估	5	未进行的，不得分；无评估报告的，不得分；评估报告每缺少一个方面内容，扣1分；评估结果与实际不符的，扣2分		
	4.5 修订	应根据评估情况、安全检查反馈的问题、生产安全事故案例、绩效评定结果等，对安全生产管理规章制度和操作规程进行修订，确保其有效和适用	5	应组织修订而未组织进行的，不得分；该修订而未修订的，每项扣1分；无修订的计划和记录资料的，不得分		
	4.6 文件和档案管理	应建立文件和档案的管理制度，明确责任部门/人员、流程、形式、权限及各类安全生产档案及保存要求等	2	无该项制度的，不得分；未以文件发布的，不得分；未明确安全规章制度和操作规程编制、使用、评审、修订等责任部门/人员、流程、形式、权限等的，扣1分；未明确具体档案资料、保存周期、保存形式等的，扣1分		
		确保安全规章制度和操作规程编制、使用、评审、修订的效力	2	未按文件管理制度执行的，不得分；缺少环节记录资料的，扣1分		
		应对下列主要安全生产资料实行档案管理：主要安全生产文件、事故、事件记录；风险评价信息；培训记录；标准化系统评价报告；事故调查报告；检查、整改记录；职业卫生检查与监护记录；安全生产会议记录；安全活动记录；法定检测记录；关键设备设施档案；应急演习信息；承包商和供应商信息；维护和校验记录；技术图纸等	2	未实行档案管理的，不得分；档案管理不规范的，扣2分；每缺少一类档案，扣1分		

续表

考评类目	考评项目	考评内容	标准分值	考评办法	自评/评审描述	实际得分
小计			60	得分小计		
5. 教育培训	5.1 教育培训管理	应建立安全教育培训的管理制度	2	无该项制度的，不得分；未以文件发布生效的，不得分；制度中缺少一类培训规定的，扣1分；有与国家有关规定（主要指国家安全监管总局令第3号、第30号）不一致的，扣1分		
		应确定安全教育培训主管部门，定期识别安全教育培训需求，制定各类人员的培训计划	3	未明确主管部门的，不得分；未定期识别需求的，扣1分；识别不充分的，扣1分；无培训计划的，不得分；培训计划中每缺一类培训的，扣1分		
		应按计划进行安全教育培训，对安全培训效果进行评估和改进。做好培训记录，并建立档案	5	未按计划进行培训的，每次扣1分；记录不完整齐全的，每缺一项扣1分；未进行效果评估的，每次扣1分；未根据评估作出改进的，每次扣1分；未实行档案管理的，不得分；档案资料不完整齐全的，每次扣1分		
	5.2 安全生产管理人员教育培训	主要负责人和安全生产管理人员，必须具备与本单位所从事的生产经营活动相应的安全生产知识和管理能力，须经考核合格后方可任职	4	主要负责人未经考核合格就上岗的，不得分；安全管理人员未经培训考核合格的或未按有关规定进行再培训的，每一人扣1分；培训要求不符合《生产经营单位安全培训规定》（国家安全监管总局令第3号）要求的，每次扣1分		
	5.3 操作岗位人员教育培训	应对操作岗位人员进行安全教育和生产技能培训和考核，考核不合格人员，不得上岗； 应对新员工进行“三级”安全教育； 在新工艺、新技术、新材料、新设备设施投入使用前，应对有关操作岗位人员进行专门的安全教育和培训； 操作岗位人员转岗、离岗三个月以上重新上岗者，应进行车间（工段）、班组安全教育培训，经考核合格后，方可上岗工作	5	未经培训考核合格就上岗的，每人次扣1分；未进行“三级”安全教育的，每人次扣1分；在新工艺、新技术、新材料、新设备设施投入使用前，未对岗位操作人员进行专门的安全教育培训的，每人次扣1分；未按规定对转岗、离岗者进行培训考核合格就上岗的，每人次扣1分		

续表

考评类目	考评项目	考评内容	标准分值	考评办法	自评/评审描述	实际得分
5. 教育培训	5.4 特种作业（含煤气作业）人员教育培训	从事特种作业的人员应取得特种作业操作资格证书，方可上岗作业	5	特种作业人员配备不合理的，每次扣2分；有特种作业岗位但未配备特种作业人员的，每次扣2分；无特种作业操作资格证书上岗作业的，每人次扣2分；证书过期未及时审核的，每人次扣2分；缺少特种作业人员档案资料的，每人次扣1分		
	5.5 其他人员教育培训	应对外来参观、学习等人员进行有关安全规定、可能接触到的危害及应急知识等内容的安全教育和告知，并由专人带领	2	未进行安全教育和危害告知的，不得分；内容与实际不符的，扣1分；未提供相应劳保用品的，不得分；无专人带领的，不得分		
	5.6 安全文化建设	应采取多种形式的活动来促进企业的安全文化建设，促进安全生产工作	4	安全文化建设与《企业安全文化建设导则》（AQ/T 9004—2008）、《企业安全文化建设评价准则》（AQ/T 9005—2008）不符的，不得分		
小计			30	得分小计		
6. 生产设备设施	6.1 生产设备设施建设	新改扩工程应建立建设项目“三同时”的管理制度	2	无该项制度的，不得分；制度不符合有关规定的，扣1分		
		安全设备设施应与建设项目主体工程同时设计、同时施工、同时投入生产和使用	10	未进行“三同时”管理的，不得分；没有建设或产权单位对“三同时”进行评估、审核认可手续就投用的，不得分；项目立项审批手续不全的，扣2分；设计、评价或施工单位资质不符合规定的，扣2分；安全投资没有纳入项目概算的，扣2分；项目未按规定进行安全预评价或安全验收评价的，扣2分；初步设计无安全专篇或安全专篇未经审查通过的，扣2分；变更安全设备设施未经设计单位书面同意的，每处扣1分；隐蔽工程未经检查合格就投用的，每处扣1分；未经验收就投用的，扣2分；安全设备设施未同时投用的，扣2分		

续表

考评类目	考评项目	考评内容	标准分值	考评办法	自评/评审描述	实际得分
6. 生产设备设施	6.1 生产设备设施建设	安全预评价报告、安全专篇、安全验收评价报告应当报安全生产监督管理部门备案	4	无资质单位编制的，不得分；未备案的，不得分；每少备案一个，扣2分		
		厂址选择应遵循《工业企业总平面设计规范》（GB 50187）的规定	4	厂址选择易受自然灾害影响或严重影响周边环境的，不得分；有一处不符合规定的，扣1分		
		厂区布置和主要车间的工艺布置，应设有安全通道	4	未按规定设置安全通道的，每处扣1分；其设置不合理或不符合要求的，每处扣1分		
		建设项目的所有设备设施应符合有关法律法规、标准规范要求	6	有一处不符合规定，扣1分；存在重大风险或隐患的，每处除本分值扣完后加扣20分		
		主要生产场所的火灾危险性分类及建构筑物防火最小安全间距，应遵循《建筑设计防火规范》（GB J16）的规定	5	有一处不符合规定的，扣2分；构成重大火灾隐患的，除本分值扣完后加扣15分		
		平面布置应合理安排车流、人流、物流，保证安全顺行	4	未合理安排的，每处扣1分		
		直梯、斜梯、防护栏杆和工作平台应符合《固定式钢梯及平台安全要求》（GB 4053.1～4）的规定	3	有一处不符合要求的，扣1分		
		车间电气室、地下油库、地下液压站、地下润滑站、地下加压站等要害部门，其出入口应不少于两个（室内面积小于6m^2而无人值班的，可设一个），门应向外开	4	出口少于两个的，每处扣1分；门向内开的，每处扣1分		
		电气室（包括计算机房）、主电缆隧道和电缆夹层，应设有火灾自动报警器、烟雾火警信号装置、监视装置、灭火装置和防止小动物进入的措施；还应设防火墙和遇火能自动封闭的防火门，电缆穿线孔等应用防火材料进行封堵	5	未设装置的，不得分；有一处少一项装置的，扣1分；有一处未设防小动物进入措施的，扣1分；有一处未设防火墙和遇火能自动封闭的防火门的，扣1分；未用防火材料封堵电缆穿线孔的，每处扣1分		
		新建、改建和扩建的轧钢企业，应设有集中监视和显示的火警信号中心	4	无集中监视和显示的火警信号中心的，不得分；未进行验收合格就使用的，扣2分		

续表

考评类目	考评项目	考评内容	标准分值	考评办法	自评/评审描述	实际得分
6. 生产设备设施	6.1 生产设备设施建设	轧钢厂区内的建构筑物，应按《建筑物防雷设计规范》（GB 50057）的规定设置防雷设施，并定期检查，确保防雷设施完好	4	未按《建筑物防雷设计规范》(GB 50057) 的规定设置防雷设施的，每处扣1分；未定期检查的，扣1分；防雷设施不完好的，每处扣1分		
		厂房的照明，应符合《工业企业采光设计标准》（GB 50033）和《建筑照明设计标准》(GB 50034) 的规定	4	未进行照度测量的，不得分；天然采光和人工照明不符合要求的，每处扣1分		
	6.2 设备设施运行管理	应建立设备、设施的检修、维护、保养的管理制度	2	无该项制度的，不得分；缺少内容或操作性差的，扣1分		
		应建立设备设施运行台账，制定检维修计划	4	无台账或检维修计划的，不得分；资料不齐全的，每次(项)扣1分		
		应按检维修计划定期对安全设备设施进行检修	10	未按计划检维修的，每项扣1分；未进行安全验收的，每项扣1分；检维修方案未包含作业危险分析和控制措施的，每项扣1分；未对检修人员进行安全教育和施工现场安全交底的，每次扣1分；失修每处扣1分；检修完毕未及时恢复安全装置的，每处扣1分；未经安全生产管理部门同意就拆除安全设备设施的，每处扣2分；安全设备设施检维修记录归档不规范及时的，每处扣2分；检修完毕后未按程序试车的，每项扣1分		
		轧钢各机组的机、电、操控设备应有安全联锁、快停、急停等本质安全设计与装置	4	有一处不符合要求的，扣1分		
		轧钢车间使用表压超过0.1MPa的液体和气体的设备和管路，应安装压力表，必要时还应安装安全阀和逆止阀等安全装置。各种阀门应采用不同颜色和不同几何形状的标志，还应有表明开、闭状态的标志	3	有一处不符合要求的，扣1分；安全阀、压力开关、压力表等未定期校验的，每一处扣1分		
		不同介质的管线，应按照《工业管道的基本识别色、识别符号和安全标识》（GB 7231）的规定涂上不同的颜色，并注明介质名称和流向	3	有一条管线不符合要求的，扣1分		

续表

考评类目	考评项目	考评内容	标准分值	考评办法	自评/评审描述	实际得分
6. 生产设备设施	6.2 设备设施运行管理	应在油库、液压站和润滑站设灭火装置和自动报警装置	3	未设灭火装置和自动报警装置的，每处扣1分		
		应在设有通风以及自动报警和灭火设施的场所，风机与消防设施之间，设安全联锁装置	3	未设有安全联锁装置的，每处扣1分		
		吊运物行走的安全路线，不应跨越有人操作的固定岗位或经常有人停留的场所，且不应随意越过主体设备	3	安全路线不符合要求的，每处扣1分；随意越过主体设备的，每处扣1分		
		加热设备（加热炉、均热炉、常化炉等）应设有可靠的隔热层，其外表温度不得超过100℃	3	未设有可靠的隔热层的，扣1分；温度超标的，每处扣1分		
		加热设备（加热炉、均热炉、常化炉等）应配置安全水源或设置高位水源	3	加热设备未配置安全水源或设置高位水源的，每处扣1分		
		平行布置的加热炉之间的净空间距应留有足够的人员安全通道和检修空间	3	未留足够的人员安全通道和检修空间的，每处扣1分		
		加热设备（加热炉、均热炉、常化炉等）所有密闭性水冷系统，均应按规定试压合格方可使用；水压不应低于0.1MPa，出口水温不应高于50℃	4	未按规定试压合格就使用的，每台扣2分；水压或水温不符合要求的，每台扣1分		
		使用氮气设备，应设有粗氮、精氮含氧量极限显示和报警装置，并有紧急防爆的应急措施	3	无含氧量极限显示和报警装置或无紧急防爆的应急措施的，不得分；有一处装置不能正常工作或损坏的，不得分		
		吊车应装有能从地面辨别额定荷重的标识，不应超负荷作业	2	未装能从地面辨别额定荷重的标识的，每台扣1分；超负荷作业的，不得分		
		吊车应设有下列安全装置： （1）吊车之间防碰撞装置； （2）大、小行车端头缓冲和防冲撞装置； （3）过载保护装置； （4）主、副卷扬限位、报警装置； （5）等吊车信号装置及门联锁装置； （6）露天作业的防风装置； （7）电动警报器或大型电铃以及警报指示灯	5	吊车每缺少一项安全装置的，扣1分		

续表

考评类目	考评项目	考评内容	标准分值	考评办法	自评/评审描述	实际得分
6. 生产设备设施	6.2 设备设施运行管理	与机动车辆通道相交的轨道区域，应有必要的安全措施	3	无必要的安全措施的，每处扣1分		
		电气设备的金属外壳、底座、传动装置、金属电线管、配电盘以及配电装置的金属构件、遮栏和电缆线的金属外包皮等，均应采用保护接地或接零。接零系统应有重复接地，对电气设备安全要求较高的场所，应在零线或设备接零处采用网络埋设的重复接地	4	未采用保护接地或接零的，每处扣1分；接零系统无重复接地的，每处扣1分；对电气设备安全要求较高的场所，未在零线或设备接零处采用网络埋设的重复接地的，每处扣1分		
		低压电气设备非带电的金属外壳和电动工具的接地电阻，不应大于4Ω	3	未进行接地电阻检测的，每台扣1分；接地电阻大于4Ω的，每台扣1分		
		下列工作场所应设置应急照明：主要通道及主要出入口、通道楼梯、操作室、计算机室、加热炉及热处理计器室窥视孔、汽化冷却及锅炉设施、高频室、酸碱洗槽、主电室、配电室、液压站、稀油站、油库、泵房、氢气站、氮气站、乙炔站、电缆隧道、煤气站	4	工作场所应设而未设应急照明的，每处扣1分		
		危险场所和其他特定场所，照明器材的选用应遵守下列规定： （1）有爆炸和火灾危险的场所，应按其危险等级选用相应的照明器材； （2）有酸碱腐蚀的场所，应选用耐酸碱的照明器材； （3）潮湿地区，应采用防水性照明器材； （4）含有大量烟尘但不属于爆炸和火灾危险的场所，应选用防尘型照明器材	3	选用照明器材不符合要求的，每处扣1分		
	6.3 新设备设施验收及旧设备设施拆除、报废	应建立新设备设施验收和旧设备设施拆除、报废的管理制度	2	无该项制度的，不得分；缺少内容或操作性差的，扣1分		
		应按规定对新设备设施进行验收，确保使用质量合格、设计符合要求的设备设施	5	未进行验收的（含其安全设备设施），每项扣1分；使用不符合要求的，每项扣1分		

续表

考评类目	考评项目	考评内容	标准分值	考评办法	自评/评审描述	实际得分
6. 生产设备设施	6.3新设备设施验收及旧设备设施拆除、报废	应按规定对不符合要求的设备设施进行报废或拆除	3	未按规定进行的，不得分；涉及危险物品的生产设备设施的拆除，无危险物品处置方案的，不得分；未执行作业许可的，扣1分；未进行作业前的安全、技术交底的，扣1分；资料保存不完整齐全的，每项扣1分		
	6.4 设备设施检测检验	应建立特种设备的管理制度	2	无该项制度的，不得分；制度与有关规定不符的，扣1分		
		应按规定使用、维护，定期检验，并将有关资料归档保存	10	未进行检验的，不得分；档案资料不全的（含生产、安装、验收、登记、使用、维护等），每台套扣1分；使用无资质厂家生产的，每台套扣2分；未经检验合格或检验不合格就使用的，每台套扣2分；安全装置不全或不能正常工作的，每处扣2分；检验周期超过规定时间的，每台套扣1分；检验标签未张贴悬挂的，每台套扣1分		
小计			160	得分小计		
7. 作业安全	7.1 生产现场管理和生产过程控制	应建立至少包括下列危险作业的作业安全的管理制度，明确责任部门、人员、许可范围、审批程序、许可签发人员等： （1）危险区域动火作业； （2）进入受限空间作业； （3）能源介质作业； （4）高处作业； （5）大型吊装作业； （6）其他危险作业	3	缺少一项危险作业规定的，扣1分；内容不全或操作性差，视为没有，扣1分		
		应对生产现场和生产过程、环境存在的风险和隐患进行辨识、评估分级，并制定相应的控制措施	8	无企业风险和隐患辨识、评估分级汇总资料的，不得分；辨识所涉及的范围未全部涵盖的，每少一处扣1分；每缺一类风险和隐患辨识、评估分级的，扣1分；缺少控制措施或针对性不强的，每类扣1分，现场岗位人员不清楚岗位有关风险及其控制措施的，每人次扣1分		

续表

考评类目	考评项目	考评内容	标准分值	考评办法	自评/评审描述	实际得分
7. 作业安全	7.1 生产现场管理和生产过程控制	应禁止与生产无关人员进入生产操作现场。应划出非岗位操作人员行走的安全路线，其宽度一般不小于1.5m	2	有与生产无关人员进入生产操作现场的，不得分；未划出非岗位操作人员行走的安全路线的，不得分；安全路线的宽度一般小于1.5m的，扣1分		
		应根据《建筑设计防火规范》（GB J16）、《爆炸和火灾危险环境电力装置设计规范》（GB 50058）、《轧钢安全规程》（AQ2003）规定，结合生产实际，确定具体的危险场所，设置危险标志牌或警告标志牌，并严格管理其区域内的作业	3	未确定具体的危险场所的，不得分；有一处危险标志牌或警告标志牌不符合要求的，扣1分；有一处作业不符合规定的，不得分		
		电磁盘吊应有防止断电的安全措施	2	无防止断电的安全措施的，每台扣1分		
		吊车的滑线应安装通电指示灯或采用其他标识带电的措施。滑线应布置在吊车司机室的另一侧；若布置在同一侧，应采取安全防护措施	2	未安装通电指示灯或未采用其他标识带电的措施的，每处扣1分；滑线未布置在吊车司机室的另一侧的，或布置在同一侧，未采取安全防护措施的，每处扣1分		
		吊具应在其安全系数允许范围内使用。钢丝绳和链条的安全系数和钢丝绳的报废标准，应符合《起重机械安全规程》（GB 6067）的有关规定	3	未在安全系数允许范围内使用吊具的，不得分；未按规定报废的，不得分；相关管理人员和作业人员不清楚吊具的安全系数和钢丝绳的报废标准的，不得分		
		横跨轧机辊道的主操纵室，以及经常受热坯烘烤或有氧化铁皮飞溅的操纵室，应采用耐热材料和其他隔热措施，并采取防止异物飞溅影响以及防雾的措施	2	未采用耐热材料和其他隔热措施的，每处扣1分；未采取防止异物飞溅影响及防雾的措施的，每处扣1分		
		地沟的照明装置，固定式装置的电压不应高于36V，开关应设在地沟入口；手持式的不应高于12V	2	电压不符合要求的，每处扣1分；开关未设在地沟入口的，每处扣1分		
		一端闭塞或滞留易燃易爆气体、窒息性气体和其他有害气体的地沟等场所，应有通风措施	2	未设通风措施的，每处扣1分		
		轧制生产过程中使用燃气/氧气燃烧装置应有燃气/氧气紧急切断阀，以及火灾报警器、超敏度气体报警器	2	未设紧急切断阀的，每处扣1分；未设煤气火灾报警器、超敏度气体报警器的，每处扣1分		

续表

考评类目	考评项目	考评内容	标准分值	考评办法	自评/评审描述	实际得分
7. 作业安全	7.1 生产现场管理和生产过程控制	轧制型钢、线材、板、带、钢管和钢丝等生产时，各类安全联锁装置和防护设施应齐全可靠	5	缺少《轧钢安全规程》（AQ2003）中规定的各类安全联锁装置和防护设施的，每处扣1分		
		轧辊应堆放在指定地点。除初轧辊外，宜使用辊架堆放。辊架间的安全通道宽度不小于0.6m	2	轧辊未定点堆放的，扣1分；未使用辊架堆放的，扣1分；安全通道宽度小于0.6m的，扣1分		
		应优先采用机械自动或半自动换辊方式。换辊时应指定专人负责指挥，并拟定换辊作业计划和安全措施	2	未采用机械自动或半自动换辊方式的，扣1分；无专人指挥的，扣1分；无换辊作业计划和安全措施的，扣1分		
		剪机与锯，应设有专门的控制台控制。喂送料、收集切头和切边，均应采用机械化作业或机械辅助作业	2	未采用机械化作业或机械辅助作业的，不得分		
		锌锅周围不应积水，以防漏锌遇水爆炸	2	锌锅周围有积水的，不得分		
		彩色涂层烘烤装置和相关设备，应有防爆措施	2	无防爆措施的，每处扣1分		
		喷水冷却的冷床，应设有防止水蒸气散发和冷却水喷溅的防护和通风装置	2	未及时维护防护和通风装置的，每处扣1分		
	7.2 作业行为管理	应对生产作业过程中人的不安全行为进行辨识，并制定相应的控制措施	5	每缺一类风险和隐患辨识的，扣1分；缺少控制措施或针对性不强的，每类扣1分；作业人员不清楚风险及控制措施的，每人次扣1分		
		应对危险性大的作业实行许可制，执行工作票制	3	未执行的，不得分；工作票中危险分析和控制措施不全的，按每类工作票扣1分；授权程序不清或签字不全的，扣2分；工作票未有效保存的，扣2分		
		要害岗位及电气、机械等设备，应实行操作牌制度	2	未执行的，不得分；未挂操作牌就作业的，每处扣1分；操作牌污损的，每个扣1分		
		应当为从业人员配备与工作岗位相适应的符合国家标准或者行业标准的劳动防护用品，并监督、教育从业人员按照使用规则佩戴、使用	3	无发放标准的，不得分；未及时发放的，不得分；购买、使用不合格劳动防护用品的，不得分；发放标准不符有关规定的，每项扣1分；员工未正确佩戴和使用的，每人次扣1分		

续表

考评类目	考评项目	考评内容	标准分值	考评办法	自评/评审描述	实际得分
7. 作业安全	7.2 作业行为管理	进入使用氢气、氮气的炉内，或储气柜、球罐内检修，应采取可靠的置换清洗措施，并有专人监护和采取便于炉内外人员联系的措施	2	有一次不符合要求的，不得分		
		应具体明确各类煤气危险区域。在第一类区域，应戴上呼吸器方可工作；在第二类区域，应有监护人员在场，并备好呼吸器方可工作；在第三类区域，可以工作，但应有人定期巡查	5	有一处不符合要求的，扣2分		
		在有煤气危险的区域作业，应两人以上进行，并携带便携式一氧化碳报警仪	2	有一次不符合要求的，不得分		
		酸洗车间应设置贮酸槽，采用酸泵向酸洗槽供酸，不应采用人工搬运酸罐加酸	2	未采用酸泵向酸洗槽供酸的，或采用人工搬运酸罐加酸的，每处扣1分		
		镀层与涂层的溶剂室或配制室，以及涂层黏合剂配制间，均应符合下列规定： (1) 采用防爆型电气设备和照明装置； (2) 设备良好接地； (3) 不应使用钢制工具以及穿戴化纤衣物和带钉鞋； (4) 溶剂室或配制间周围10m以内，不应有烟火； (5) 设有机械通风和除尘装置	3	未采用防爆型电气设备和照明装置的，扣1分；设备未接地的，扣1分；使用钢制工具以及穿戴化纤衣物和带钉鞋的，扣1分；溶剂室或配制间周围10m以内有烟火的，扣1分；没有机械通风和除尘装置的，扣1分		
		在全部停电或部分停电的电气设备上作业，应遵守下列规定： (1) 拉闸断电，并采取开关箱加锁等措施； (2) 验电、放电； (3) 各相短路接地； (4) 悬挂“禁止合闸，有人工作”的标示牌和装设遮栏	3	有一处不符合要求的，扣1分		
	7.3 警示标志和安全防护	应建立警示标志和安全防护的管理制度	2	无该项制度的，不得分		

续表

考评类目	考评项目	考评内容	标准分值	考评办法	自评/评审描述	实际得分
7. 作业安全	7.3 警示标志和安全防护	应在有较大危险因素的作业场所或有关设备上，设置符合《安全标志及其使用导则》（GB 2894）和《图形符号安全色和安全标志》（GB 2893）规定的安全警示标志和安全色	3	有一处不符合规定的，扣1分；未告知危险种类、后果及应急措施的，每处扣1分		
		应在检维修、施工、吊装等作业现场设置警戒区域，以及厂区内的坑、沟、池、井、陡坡等设置安全盖板或护栏等	3	有一处不符合要求的，扣1分		
		设备裸露的转动或快速移动部分，应设有结构可靠的安全防护罩、防护栏杆或防护挡板	2	有一处不符合要求的，扣1分		
		放射源和射线装置，应有明显的标志和防护措施，并定期检测	2	无标志的，每处扣1分；无防护措施的，每处扣1分；未定期检测的，不得分		
		酸洗和碱洗区域，应有防止人员灼伤的措施，并设置安全喷淋或洗涤设施	2	无防灼伤措施的，不得分；未设置安全喷淋或洗涤设施的，不得分；措施或设施不符合要求的，每处扣1分		
		采用电感应加热的炉子，应有防止电磁场危害周围设备和人员的措施	2	未设置防止电磁场危害周围设备和人员的措施的，每处扣1分		
		热锯机应有防止锯屑飞溅的设施，在有人员通行的方向应设防护挡板	2	未设有防止锯屑飞溅的设施的，每处扣1分；未在有人员通行的方向设防护挡板的，每处扣1分		
		采用高压水冲洗清洁辊面的，应有防止高压水伤人的措施	2	无防止高压水伤人的措施的，不得分；未及时维护防护措施的，每处扣1分		
		在作业线上人工修磨和检查轧件的区段，应采取相应的防护措施	2	未设置的，不得分；未及时维护防护措施的，每处扣1分		
	7.4 相关方管理	应建立有关承包商、供应商等相关方的管理制度	2	无该项制度的，不得分；未明确双方权责或不符合有关规定的，不得分		
		应对承包商、供应商等相关方的资格预审、选择、服务前准备、作业过程监督、提供的产品、技术服务、表现评估、续用等进行管理，建立相关方的名录和档案	3	以包代管的，不得分；未纳入甲方统一安全管理的，不得分；未将安全绩效与续用挂钩的，不得分；名录或档案资料不全的，每一个扣1分		

续表

考评类目	考评项目	考评内容	标准分值	考评办法	自评/评审描述	实际得分
7. 作业安全	7.4 相关方管理	不应将工程项目发包给不具备相应资质的单位。工程项目承包协议应当明确规定双方的安全生产责任和义务	4	发包给无相应资质的相关方的，除本条不得分外，加扣6分；承包协议中未明确双方安全生产责任和义务的，每项扣1分；未执行协议的，每项扣1分		
		应根据相关方提供的服务作业性质和行为定期识别服务行为风险，采取行之有效的风险控制措施，并对其安全绩效进行监测； 甲方应统一协调管理同一作业区域内的多个相关方的交叉作业	6	相关方在甲方场所内发生工亡事故的，除本条不得分外，加扣4分；未定期进行风险评估的，每一个扣1分；风险控制措施缺乏针对性、操作性的，每一个扣1分；未对其进行安全绩效监测的，每次扣1分；甲方未进行有效统一协调管理交叉作业的，扣3分		
	7.5 变更	应建立有关人员、机构、工艺、技术、设施、作业过程及环境变更的管理制度	2	无该项制度的，不得分；制度与实际不符的，扣1分		
		应对有关人员、机构、工艺、技术、设施、作业过程及环境的变更制定实施计划	3	无实施计划的，不得分；未按计划实施的，每项扣1分；变更中无风险识别或控制措施的，每项扣1分		
		应对变更的实施进行审批和验收管理，并对变更过程及变更后所产生的风险和隐患进行辨识、评估和控制	8	无审批和验收报告的，不得分；未对变更导致新的风险或隐患进行辨识、评估和控制的，每项扣1分		
		变更安全设施，在建设阶段应经设计单位书面同意，在投用后应经安全管理部门书面同意。重大变更的，还应报安全生产监督管理部门备案	2	未经书面同意就变更的，每处扣1分；未及时备案的，每次扣1分		
小计			130	得分小计		
8. 隐患排查	8.1 隐患排查	应建立隐患排查治理的管理制度，明确责任部门/人员、方法	2	无该项制度的，不得分；制度与《安全生产事故隐患排查治理暂行规定》等有关规定不符的，扣1分		
		制定隐患排查工作方案，明确排查的目的、范围、方法和要求等	3	无该方案的，不得分；方案依据缺少或不正确的，每项扣1分；方案内容缺项的，每项扣1分		

续表

考评类目	考评项目	考评内容	标准分值	考评办法	自评/评审描述	实际得分
8. 隐患排查	8.1 隐患排查	应按照方案进行隐患排查工作	6	未按方案排查的，不得分；有未排查出来的隐患的，每处扣1分；排查人员不能胜任的，每人次扣1分；未进行汇总总结的，扣2分		
		应对隐患进行分析评估，确定隐患等级，登记建档	4	无隐患汇总登记台账的，不得分；无隐患评估分级的，不得分；隐患登记档案资料不全的，每处扣1分		
	8.2 排查范围与方法	隐患排查的范围应包括所有与生产经营相关的场所、环境、人员、设备设施和活动	5	隐患排查的范围每缺少一类，扣1分		
		应采用综合检查、专业检查、季节性检查、节假日检查、日常检查等方式进行隐患排查	5	各类检查缺少一次，扣1分；缺少一类检查表，扣1分；检查表针对性不强的，每一个扣1分；检查表无人签字或签字不全的，每次扣1分		
	8.3 隐患治理	应根据隐患排查的结果，制定隐患治理方案，对隐患进行治理。方案内容应包括目标和任务、方法和措施、经费和物资、机构和人员、时限和要求。重大事故隐患在治理前应采取临时控制措施，并制定应急预案。隐患治理措施应包括工程技术措施、管理措施、教育措施、防护措施、应急措施等	10	无该方案的，不得分；方案内容不全的，每缺一项扣1分；每项隐患整改措施针对性不强的，扣1分；隐患治理工作未形成闭路循环的，每项扣1分		
		应在隐患治理完成后对治理情况进行验证和效果评估	5	未进行验证或效果评估的，每项扣1分		
		应按规定对隐患排查和治理情况进行统计分析，并向安全监管部门和有关部门报送书面统计分析表	2	无统计分析表的，不得分；未及时报送的，不得分		
	8.4 预测预警	企业应根据生产经营状况及隐患排查治理情况，采用技术手段、仪器仪表及管理方法等，建立安全预警指数系统	3	无安全预警指数系统的，不得分；未对相关数据进行分析、测算，实现对安全生产状况及发展趋势进行预报的，扣2分；未将隐患排查治理情况纳入安全预警系统的，扣1分；未对预警系统所反映的问题，及时采取针对性措施的，扣1分		

续表

考评类目	考评项目	考评内容	标准分值	考评办法	自评/评审描述	实际得分
小计			45	得分小计		
9. 危险源监控	9.1 辨识与评估	应建立危险源的管理制度，明确辨识与评估的职责、方法、范围、流程、控制原则、回顾、持续改进等	2	无该项制度的，不得分；制度中每缺少一项内容要求的，扣1分		
		应按相关规定对本单位的生产设施或场所进行危险源辨识、评估，确定重大危险源（包括企业确定的重大危险源）	8	未进行辨识和评估的，不得分；未按制度规定严格进行的，不得分；辨识和评估不充分、准确的，每处扣2分		
	9.2 登记建档与备案	应对确认的重大危险源及时登记建档	3	无重大危险源档案资料的，不得分；档案资料不全的，每处扣1分		
		应按照相关规定，将重大危险源（指符合《危险化学品重大危险源辨识》（GB 18218）规定的重大危险源）向安全监管部门和相关部门备案	2	未备案的，不得分；备案资料不全的，每个扣1分		
		计量检测用的放射源应当按照有关规定取得放射物品使用许可证	3	未办理许可证的，不得分；每少一个许可证，扣1分		
	9.3 监控与管理	应对重大危险源（包括企业确定的重大危险源）采取措施进行监控，包括技术措施（设计、建设、运行、维护、检查、检验等）和组织措施（职责明确、人员培训、防护器具配置、作业要求等）	15	未监控的，不得分；有重大隐患或带病运行，严重危及安全生产的，除本分值扣完后外，加扣15分；监控技术措施和组织措施不全的，每项扣1分		
		应在重大危险源现场设置明显的安全警示标志和危险源点警示牌（内容包含名称、地点、责任人员、事故模式、控制措施等）	3	无安全警示标志的，每处扣1分；内容不全的，每处扣1分；警示标志污损或不明显的，每处扣1分		
		相关人员应按规定对重大危险源进行检查，并在检查记录本上签字	2	未按规定进行检查的，不得分；检查未签字的，每次扣1分；检查结果与实际状态不符的，每处扣1分		
小计			38	得分小计		
10. 职业健康	10.1 职业健康管理	应建立职业健康的管理制度	2	无该项制度的，不得分；制度与有关法规规定不一致的，扣1分		
		应按有关要求，为员工提供符合职业健康要求的工作环境和条件	3	有一处不符合要求的，扣1分；一年内有新增职业病患者的，此类目不得分		

续表

考评类目	考评项目	考评内容	标准分值	考评办法	自评/评审描述	实际得分
10. 职业健康	10.1 职业健康管理	应建立健全职业卫生档案和员工健康监护档案	3	未进行员工健康检查的，不得分；未进行入厂和退休健康检查的，不得分；健康检查每少一人次的，扣1分；无档案的，不得分；每缺少一人档案的，扣1分；档案内容不全的，每缺一项资料，扣1分		
		应对职业病患者按规定给予及时的治疗、疗养。对患有职业禁忌症的，应及时调整到合适岗位	3	未及时给予治疗、疗养的，不得分；治疗、疗养每少一人的，扣1分；没有及时调整职业禁忌症患者的，每人扣1分		
		应定期对职业危害场所进行检测，并将检测结果公布、存入档案	3	未定期检测的，不得分；检测的周期、地点、有毒有害因素等不符合要求的，每项扣1分；结果未公开公布的，不得分；结果未存档的，一次扣1分		
		对可能发生急性职业危害的有毒、有害工作场所，应当设置报警装置，制定应急预案，配置现场急救用品和必要的泄险区	3	无报警装置的，不得分；缺少报警装置或不能正常工作的，每处扣1分；无应急预案的，不得分；无急救用品、冲洗设备、应急撤离通道和必要的泄险区的，不得分		
		应指定专人负责保管、定期校验和维护各种防护用具，确保其处于正常状态	2	未指定专人保管或未全部定期校验维护的，不得分；未定期校验和维护的，每次扣1分；校验和维护记录未存档保存的，不得分		
		应指定专人负责职业健康的日常监测及维护监测系统处于正常运行状态	3	未指定专人负责的，不得分；人员不能胜任的（含无资格证书或未经专业培训的），不得分；日常监测每缺少一次，扣1分；监测装置不能正常运行的，每处扣1分		
		钢丝生产车间环境应符合《工作场所化学有害因素职业接触限值》（GB Z2.1~2）的要求	3	有一处不符合要求的，扣1分		
	10.2 职业危害告知和警示	与从业人员订立劳动合同（含聘用合同）时，应将工作过程中可能产生的职业危害及其后果、职业危害防护措施和待遇等如实以书面形式告知从业人员，并在劳动合同中写明	2	未书面告知的，不得分；告知内容不全的，每缺一项内容，扣1分；未在劳动合同中写明的（含未签合同的），不得分；劳动合同中写明内容不全的，每缺一项内容，扣1分		

续表

考评类目	考评项目	考评内容	标准分值	考评办法	自评/评审描述	实际得分
10. 职业健康	10.2 职业危害告知和警示	应对员工及相关方宣传和培训生产过程中的职业危害、预防和应急处理措施	2	无培训及记录的，不得分；培训无针对性或缺失内容的，每次扣1分；员工及相关方不清楚的，每人次扣1分		
		应对存在严重职业危害的作业岗位，按照《工作场所职业病危害警示标识》（GB Z158）要求，在醒目位置设置警示标志和警示说明	2	未设置标志的，不得分；缺少标志的，每处扣1分；标志内容（含职业危害的种类、后果、预防以及应急救治措施等）不全的，每处扣1分		
	10.3 职业危害申报	应按规定及时、如实地向当地主管部门申报生产过程存在的职业危害因素	2	未申报材料的，不得分；申报内容不全的，每缺少一类扣2分		
		下列事项发生重大变化时，应向原申报主管部门申请变更： （1）新、改、扩建项目； （2）因技术、工艺或材料等发生变化导致原申报的职业危害因素及其相关内容发生重大变化； （3）企业名称、法定代表人或主要负责人发生变化	4	未申报的，不得分；每缺少一类变更申请的，扣2分		
小计			37	得分小计		
11. 应急救援	11.1 应急机构和队伍	应建立事故应急救援制度	2	无该项制度的，不得分；制度内容不全或针对性不强的，扣1分		
		应按相关规定建立安全生产应急管理机构或指定专人负责安全生产应急管理工作	2	没有建立机构或专人负责的，不得分；机构或专人未及时调整的，每次扣1分		
		应建立与本单位安全生产特点相适应的专兼职应急救援队伍或指定专兼职应急救援人员	2	未建立队伍或指定专兼职人员的，不得分；队伍或人员不能满足要求的，不得分		
		应定期组织专兼职应急救援队伍和人员进行训练	2	无训练计划和记录的，不得分；未定期训练的，不得分；未按计划训练的，每次扣1分；训练科目不全的，每项扣1分；救援人员不清楚职能或不熟悉救援装备使用的，每人次扣1分		
	11.2 应急预案	应按规定制定安全生产事故应急预案，重点作业岗位有应急处置方案或措施	2	无应急预案的，不得分；应急预案的格式和内容不符合有关规定的，不得分；无重点作业岗位应急处置方案或措施的，不得分；未在重点作业岗位公布应急处置方案或措施的，每处扣1分；有关人员不熟悉应急预案和应急处置方案或措施的，每人次扣1分		

续表

考评类目	考评项目	考评内容	标准分值	考评办法	自评/评审描述	实际得分
11. 应急救援	11.2 应急预案	应根据有关规定将应急预案报当地主管部门备案，并通报有关应急协作单位	1	未进行备案的，不得分；未通报有关应急协作单位的，每个扣1分		
		应定期评审应急预案，并进行修订和完善	1	未定期评审或无有关记录的，不得分；未及时修订的，不得分；未根据评审结果或实际情况的变化修订的，每缺一项，扣1分；修订后未正式发布或培训的，扣1分		
	11.3 应急设施、装备、物资	应按应急预案的要求，建立应急设施，配备应急装备，储备应急物资	2	每缺少一类，扣1分		
		应对应急设施、装备和物资进行经常性的检查、维护、保养，确保其完好可靠	2	无检查、维护、保养记录的，不得分；每缺少一项记录的，扣1分；有一处不完好、可靠的，扣1分		
	11.4 应急演练	应按规定组织安全生产事故应急演练	2	未进行演练的，不得分；无应急演练方案和记录的，不得分；演练方案简单或缺乏执行性的，扣1分；高层管理人员未参加演练的，每次扣1分		
		应对应急演练的效果进行评估	1	无评估报告的，不得分；评估报告未认真总结问题或未提出改进措施的，扣1分；未根据评估的意见修订预案或应急处置措施的，扣1分		
	11.5 事故救援	发生事故后，应立即启动相关应急预案，积极开展事故救援	2	未及时启动的，不得分；未达到预案要求的，每项扣1分		
		应急结束后应编制应急救援报告	1	无应急救援报告的，不得分；未全面总结分析应急救援工作的，每缺一项，扣1分		
小计			22	得分小计		
12. 事故报告、调查和处理	12.1 事故报告	应建立事故的管理制度，明确报告、调查、统计与分析、回顾、书面报告样式和表格等内容	2	无该项制度的，不得分；制度与有关规定不符的，扣1分；制度中每缺少一项内容，扣1分		
		发生事故后，主要负责人或其代理人应立即到现场组织抢救，采取有效措施，防止事故扩大	2	有一次未到现场组织抢救的，不得分；有一次未采取有效措施，导致事故扩大的，不得分		

续表

考评类目	考评项目	考评内容	标准分值	考评办法	自评/评审描述	实际得分
12. 事故报告、调查和处理	12.1 事故报告	应按规定及时向上级单位和有关政府部门报告，并保护事故现场及有关证据	2	未及时报告的，不得分；未有效保护现场及有关证据的，不得分；报告的事故信息内容和形式与规定不相符的，扣1分		
		应对事故进行登记管理	1	无登记记录的，不得分；登记管理不规范的，每次扣1分		
	12.2 事故调查和处理	应按照相关法律法规、管理制度的要求，组织事故调查组或配合有关政府部门对事故、事件进行调查	2	无调查报告的，不得分；未按“四不放过”和“依法依规、实事求是、注重实效”原则处理的，不得分；调查报告内容不全的，每次扣2分；相关的文件资料未整理归档的，每次扣2分		
		应按照《企业职工伤亡事故分类标准》（GB 6441）定期对事故、事件进行统计、分析	1	未统计分析的，不得分；统计分析不符合规定的，扣1分；未向领导层汇报结果的，扣1分		
	12.3 事故回顾	应对本单位的事故及其他单位的有关事故进行回顾、学习	2	未进行回顾的，不得分；有关人员对原因和防范措施不清楚的，每人次扣1分		
小计			12	得分小计		
13. 绩效评定和持续改进	13.1 绩效评定	应建立安全标准化绩效评定的管理制度，明确组织、时间、人员、内容范围、方法与技术、过程、报告与分析等要求	2	无该项制度的，不得分；制度中每缺少一项要求的，扣1分；制度缺乏操作性和针对性的，扣1分		
		应每年至少一次对安全生产标准化实施情况进行评定，并形成正式的评定报告。发生死亡事故后，应重新进行评定	3	少于每年一次评定的，扣2分；无评定报告的，不得分；主要负责人未组织和参与的，不得分；评定报告未形成正式文件的，扣2分；评定中缺少元素内容或其支撑性材料不全的，每个扣1分；未对前次评定中提出的纠正措施的落实效果进行评价的，扣2分；发生死亡事故后未及时重新进行安全标准化系统评定的，不得分		
		应将安全生产标准化工作评定报告向所有部门、所属单位和从业人员通报	1	未通报的，不得分；被抽查的有关部门和人员对相关内容不清楚的，每人次扣1分		

续表

考评类目	考评项目	考评内容	标准分值	考评办法	自评/评审描述	实际得分
13. 绩效评定和持续改进	13.1 绩效评定	应将安全生产标准化实施情况的评定结果，纳入部门、所属单位、员工年度安全绩效考评	2	未纳入年度考评的，不得分；评定结果每少纳入年度考评一项，扣1分；年度考评每少一个部门、单位、人员的，扣1分；年度考评结果未落实兑现到部门、单位、人员的，每项扣1分		
	13.2 持续改进	应根据安全生产标准化的评定结果和安全预警指数系统，对安全生产目标与指标、规章制度、操作规程等进行修改完善，制定完善安全生产标准化的工作计划和措施，实施PDCA循环，不断提高安全绩效	2	未进行安全标准化系统持续改进的，不得分；未制定完善安全标准化工作计划和措施的，扣1分；修订完善的记录与安全生产标准化系统评定结果不一致的，每处扣1分		
		安全生产标准化的评定结果要明确下列事项： （1）系统运行效果； （2）系统运行中出现的问题和缺陷，所采取的改进措施； （3）统计技术、信息技术等在系统中的使用情况和效果； （4）系统各种资源的使用效果； （5）绩效监测系统的适宜性以及结果的准确性； （6）与相关方的关系	2	安全生产标准化的评定结果要明确的事项缺项，或评定结果与实际不符的，每项扣1分		
小计			12	得分小计		
总计			600	得分总计		

参 考 文 献

[1] 孙家骥．矿冶机械维修工程学［M］．北京：冶金工业出版社，1994.

[2] 袁建路，陈敏．轧钢机械设备维护［M］．北京：冶金工业出版社，2012.

[3] 赵艳萍．设备管理与维修［M］．北京：化学工业出版社，2010.

[4] 谷示强．冶金机械设备安装与维护［M］．北京：冶金工业出版社，1995.

[5] 刘宝权．设备管理与维修［M］．北京：机械工业出版社，2013.

[6] 张孝桐．点检员——设备状态的侦察员［M］．湛江：岭南美术出版社，2006.

[7] 李葆文．设备管理新思维新模式［M］．北京：机械工业出版社，2003.

[8] 李庆远．改善生产管理的利器——5S 与 TPM 教程［M］．北京：北京大学出版社，2004.

冶金工业出版社部分图书推荐

书　　名	作　者	定价(元)
现代企业管理(第2版)(高职高专教材)	李　鹰	42.00
Pro/Engineer Wildfire 4.0(中文版)　钣金设计与焊接设计教程(高职高专教材)	王新江	40.00
Pro/Engineer Wildfire 4.0(中文版)　钣金设计与焊接设计教程实训指导(高职高专教材)	王新江	25.00
应用心理学基础(高职高专教材)	许丽遐	40.00
建筑力学(高职高专教材)	王　铁	38.00
建筑 CAD(高职高专教材)	田春德	28.00
冶金生产计算机控制(高职高专教材)	郭爱民	30.00
冶金过程检测与控制(第3版)(高职高专国规教材)	郭爱民	48.00
天车工培训教程(高职高专教材)	时彦林	33.00
工程图样识读与绘制(高职高专教材)	梁国高	42.00
工程图样识读与绘制习题集(高职高专教材)	梁国高	35.00
电机拖动与继电器控制技术(高职高专教材)	程龙泉	45.00
金属矿地下开采(第2版)(高职高专教材)	陈国山	48.00
磁电选矿技术(培训教材)	陈　斌	30.00
自动检测及过程控制实验实训指导(高职高专教材)	张国勤	28.00
轧钢机械设备维护(高职高专教材)	袁建路	45.00
矿山地质(第2版)(高职高专教材)	包丽娜	39.00
地下采矿设计项目化教程(高职高专教材)	陈国山	45.00
矿井通风与防尘(第2版)(高职高专教材)	陈国山	36.00
单片机应用技术(高职高专教材)	程龙泉	45.00
焊接技能实训(高职高专教材)	任晓光	39.00
冶炼基础知识(高职高专教材)	王火清	40.00
高等数学简明教程(高职高专教材)	张永涛	36.00
管理学原理与实务(高职高专教材)	段学红	39.00
PLC 编程与应用技术(高职高专教材)	程龙泉	48.00
变频器安装、调试与维护(高职高专教材)	满海波	36.00
连铸生产操作与控制(高职高专教材)	于万松	42.00
小棒材连轧生产实训(高职高专教材)	陈　涛	38.00
自动检测与仪表(本科教材)	刘玉长	38.00
电工与电子技术(第2版)(本科教材)	荣西林	49.00
计算机应用技术项目教程(本科教材)	时　魏	43.00
FORGE 塑性成型有限元模拟教程(本科教材)	黄东男	32.00
自动检测和过程控制(第4版)(本科国规教材)	刘玉长	50.00